高等职业教育课程改革项目研究成果系列教材

"互服网＋"新形态教材

电工技术技能训练

主　编　雷鹏娟

副主编　赵坤昊　任丽泉

参　编　申海文　陈健升

主　审　石重阳　张　婕

北京理工大学出版社
BEIJING INSTITUTE OF TECHNOLOGY PRESS

内 容 简 介

本书从高等职业院校应用型技术技能人才培养目标出发,在结构体系、内容设置等方面力求体现高等职业教育的规律,主要特点有:(1)突显职业教育思想性价值定位,突出学生在教学中的主体地位,坚定用知识指导实践的思想立场;(2)转变教学观念,突出"教、学、做"三位一体的思想,在项目情境中更好地培养学生所需要的职业能力;(3)以"应用"为目的,以"必需够用"为度组织教学内容,包括常用电工工具和电工仪器仪表使用、电工操作基本技能、安全用电、家庭照明电路的配线、三相电路与小型车间供电线路设计、三相异步电动机控制电路设计六个教学项目;(4)数字资源丰富,可读性强。

本书内容丰富,可作为高职高专院校工科学生电工实训课程教材和维修电工岗位证书考核培训教材使用,同时也可供中职、技工学校师生和相关工程技术人员及电工从业人员学习参考。

版权专有 侵权必究

图书在版编目(CIP)数据

电工技术技能训练 / 雷鹏娟主编 . -- 北京:北京
理工大学出版社,2023.1
ISBN 978 - 7 - 5763 - 2079 - 4

Ⅰ. ①电… Ⅱ. ①雷… Ⅲ. ①电工技术 Ⅳ. ①TM

中国国家版本馆 CIP 数据核字(2023)第 010886 号

责任编辑:张鑫星   **文案编辑**:张鑫星
责任校对:周瑞红   **责任印制**:施胜娟

出版发行 / 北京理工大学出版社有限责任公司
社　　址 / 北京市丰台区四合庄路 6 号
邮　　编 / 100070
电　　话 / (010)68914026(教材售后服务热线)
　　　　　　(010)68944437(课件资源服务热线)
网　　址 / http://www.bitpress.com.cn

版 印 次 / 2023 年 1 月第 1 版第 1 次印刷
印　　刷 / 三河市天利华印刷装订有限公司
开　　本 / 787 mm×1092 mm　1/16
印　　张 / 13
字　　数 / 298 千字
定　　价 / 49.00 元

前言

本书从高等职业院校应用型技术技能人才培养目标出发，结合了编者多年来在教学改革、课程建设等方面的经验，在书的结构体系、内容设置等方面力求体现高等职业教育的特点，满足目前高等职业教育教学的需要。

本书的主要特点如下：

（1）突显职业教育思想性价值定位。

本书以应用为主线，突出学生在教学中的主体地位，注重学生知识和技能的提升。在知识学习和实践训练过程中，将思想政治教育与固有的专业知识、技能传授有机融合，使学生体会到用实践来检验真理的真正意义、感知到知其然且知其所以然带来的快感、坚定用知识指导实践的思想立场，为学生后续的学习工作提供了指导性的思想价值定位，更好地实现了立德树人、润物无声。

（2）转变教学观念，突出"教、学、做"三位一体的思想。

按照"以培养学生实践技能为主线，以安装、操作、维修电工等职业岗位的技能需求为依据，以维修电工的职业资格标准为参照，以典型工作为载体，以真实工作环境为依托，以完整工作过程为行动体系"的要求进行整体教学设计。教学过程中，采用基于项目的、教学做一体化的教学模式，在项目情境中更好地培养学生所需要的职业能力；在任务实施过程中，学生需要具有一定的信息收集能力和使用各种媒介完成工作任务、工作结果的评价与反思能力；通过任务实施，学生可以明白实际工程如何开始、从哪里开始，中间过程如何，最后如何调试，出现问题如何解决等。

（3）以"应用"为目的，以"必需够用"为度组织教学内容。

内容的选取体现以岗位标准为依据，以社会需求为导向、以学生为主体、以能力为本位的原则、以"必需够用"为度，把提高学生职业知识学习和技能培养放在首位，为学生今后从事电气产品的组装与调试、电气设备的操作与维护等技术技能和职业岗位的能力培养创造必要的条件。本书共有六个教学项目，包括常用电工工具和电工仪器仪表使用、电工操作基本技能、安全用电、家庭照明电路的配线、三相电路与小型车间供电线路设计、三相异步电动机控制电路设计，介绍了相关的维修电工操作技能和规范等内容。

（4）数字资源丰富，可读性强。

为方便教学，本书还配备有一些视频、动画、PPT等电子学习资料，通过"图、文、声、画"的方式向学生进行展示，增强了教材的可读性。教学过程中，教师也可以通过合理安排组织数字资源，开展教学活动，为课堂带来更多生机，提高课堂教学效率。

本书由河北石油职业技术大学雷鹏娟担任主编，宣化科技职业学院赵坤昊、唐山职业技术学院任丽泉担任副主编，山西漳山发电有限责任公司申海文、河北石油职业技术大学陈健升担任参编，河北石油职业技术大学石重阳、张婕担任主审。

本书内容丰富，可作为高职高专院校工科学生电工实训课程教材和维修电工岗位证书考核培训教材使用，同时也可供中职和技工学校师生和相关工程技术人员及电工从业人员学习参考。

限于编者的水平，书中难免有疏漏和不妥之处，恳切希望广大师生和读者提出批评和改进意见。

编　者

目录

项目一

常用电工工具和电工仪器仪表使用

◎ 项目概述

从生产到人们的日常生活中，电的应用已经遍及各个领域，因此掌握常用电工工具以及电工仪器仪表的使用方法，并应用其进行电气线路的检修和电气设备的安装与维护是电工学员的必备技能。本项目介绍常用电工工具和电工仪器仪表的基本知识和使用方法。通过本项目的学习，可以使学生学会正确运用电工工具进行电工操作，使用电工仪器仪表进行电工测量。

◎ 项目目标

学会使用电工工具进行电气线路的安装与维护。

学会特殊用途电工工具的使用方法。

熟练运用数字万用表进行各种元器件参数的测量与检测。

学会使用各种电工仪器仪表进行电工测量。

培养收集、分析和利用信息的能力。

树立规范操作的意识。

培养合作意识和能力。

任务 1.1 常用电工工具的使用

◎ 任务描述

电工基本操作工艺是电工的基本功，也是培养电工动手能力和解决实际问题的实践基础。电工工具是电气操作的基本工具，电气操作人员必须掌握电工常用工具的结构、性能和正确的使用方法。本任务将介绍几种常用的电工操作工具，通过任务学习，学生可以了解各种电工工具的使用方法以及适用场合，并学会使用电工工具进行相关的电工操作。

任务目标

掌握常用电工工具的使用方法。

熟记常用电工工具的安全注意事项和保养措施。

能根据使用场合选择合适的电工工具。

能使用多种电工工具进行简单电路的装接和检查。

具备信息收集、整理、分析、使用的能力。

培养规范操作的意识。

知识储备

1.1.1 试电笔

试电笔简称电笔，是用来检查测量低压导体和电气设备外壳是否带电的一种常用工具。其实物如图 1.1.1 所示。

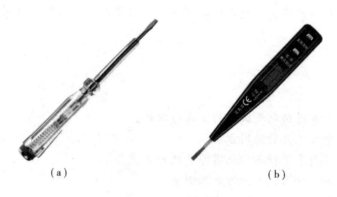

（a）　　　　　　　　　　　　（b）

图 1.1.1　试电笔实物

（a）螺丝刀式；（b）数字式

试电笔主要由氖管和大于 10 MΩ 的碳电子构成，它的前端是金属探头，后部是塑料外壳，壳内装有氖管、安全电阻和弹簧，笔尾端有金属端盖或钢笔形金属笔挂，该部分是使用时手必须触及的金属部分。不同的试电笔外观结构不尽相同，但其内部结构基本都包括以下几个部分，如图 1.1.2 所示。

试电笔常做成钢笔式结构或小型螺丝刀式结构。在使用时，用手指触及笔尾的金属部分，使氖管小窗背光朝自己，具体操作方法如图 1.1.3 所示。

普通试电笔测量电压范围在 60 ~ 500 V，低于 60 V 时试电笔的氖管可能不会发光，高于 500 V 时则不能用普通试电笔来测量，否则容易造成人身触电。

试电笔的测量原理是：当试电笔的笔尖触及带电体时，带电体上的电压经试电笔的笔尖（金属体）、氖管、安全电阻、弹簧及笔尾端的金属体，再经过人体接入大地形成回路，若带电体与大地之间的电压超过 60 V，试电笔中的氖管便会发光，指示被测带电体有电。

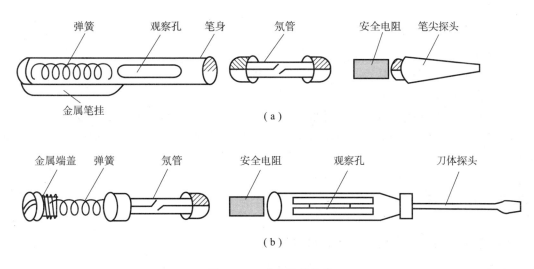

图 1.1.2 试电笔的结构

（a）钢笔式；（b）螺丝刀式

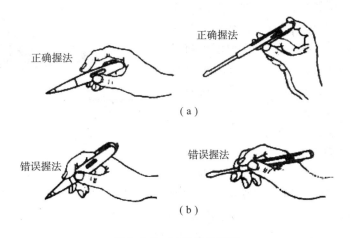

图 1.1.3 试电笔的握法

（a）正确握法；（b）错误握法

使用试电笔检测相线与零线的方法：在交流电路中，当试电笔触及导线时氖管发光则为相线，不发光的则为零线。

使用试电笔检测直流电与交流电的方法：当直流电通过试电笔时，氖管里两个极只有一个发光，发光的一极为直流电的负极。当交流电通过试电笔时，氖管里的两个极会同时发光。

试电笔的使用注意事项：

（1）使用试电笔之前，首先要检查试电笔里有无安全电阻，再直观检查试电笔是否有损坏，有无受潮或进水，检查合格后才能使用。

（2）使用试电笔时，不能用手触及试电笔前端的金属探头，这样做会造成人身触电事故。

（3）使用试电笔时，一定要用手触及试电笔尾端的金属部分，否则，带电体、试电笔、人体与大地没有形成回路，试电笔中的氖管不会发光，容易造成误判，认为带电体不带电，这是十分危险的。

（4）在测量电气设备是否带电之前，先要找一个已知电源测一测试电笔的氖管能否正常发光，能正常发光才能使用。

（5）在明亮的光线下测试带电体时，应特别注意氖管是否真的发光（或不发光），必要时可用另一只手遮挡光线仔细判别。千万不要造成误判，将氖管发光判断为不发光，而将有电判断为无电。

1.1.2　电工刀

电工刀是常用的一种切削工具，可以用来剖削电线绝缘层、切割电工器材，其外形如图1.1.4所示。

1. 电工刀的类型与作用

电工刀有普通型和多用型两种，普通电工刀由刀片、刀刃、刀把、刀挂等构成。不用时，把刀片收缩到刀把内。按刀片长度可将其分为大号（112 mm）和小号（88 mm）两种规格。多用型电工刀除具有刀片外，还有可收式的锯片、锥针和旋具等，可用来锯割电线槽板、胶木管、锥钻木螺钉的底孔。

2. 电工刀的使用方法

电工刀的刀刃部分要磨得锋利才好剥削导线，但不可太锋利，以免削伤芯线；若磨得太

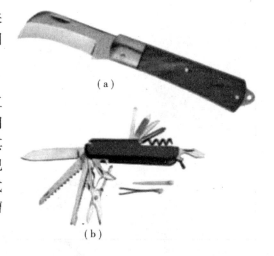

图 1.1.4　电工刀的外形
（a）普通型；（b）多用型

钝，则无法剥削绝缘层。磨刀刃一般采用磨刀石或油磨石，磨好后再把底部磨点倒角，即刃口略微圆一些。双芯护套线的外层绝缘的剥削，可以用刀刃对准两芯线的中间部位，把导线一剖为二，如图1.1.5所示。电工刀剥削单芯护套线外层绝缘的使用方法如图1.1.6所示。

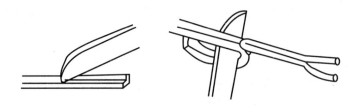

图 1.1.5　电工刀剥削双芯护套线外层绝缘的使用方法

圆木与木槽板或塑料槽板的吻接凹槽，就可采用电工刀在施工现场切削，通常用左手托住圆木，右手持刀切削。电工刀也可以用于木榫、竹榫的切削。多用型电工刀的锯片，可用来锯割木条、竹条，制作木榫、竹榫。

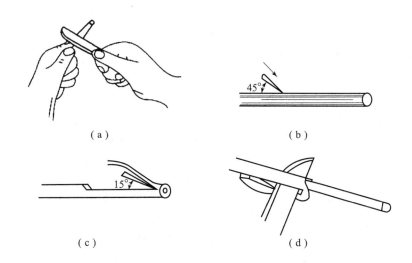

图 1.1.6　电工刀剥削单芯护套线外层绝缘的使用方法

（a）握刀姿势；（b）刀以45°倾斜切入；（c）刀以15°倾斜推削；（d）扳转塑料层并在根部切去

3. 电工刀使用注意事项

（1）切忌把刀刃垂直对着导线切割绝缘层，这样容易割伤电芯线线。

（2）电工刀的刀刃部分要磨得锋利才好剥削电线，但不可太锋利，太锋利容易削伤芯线，磨得太钝，则无法剥削绝缘层。

（3）对双芯护套线的外层绝缘的剥削，可以用刀刃对准两芯线的中间部位，把导线一剖为二。

（4）圆木与木槽板或塑料槽板的吻接凹槽，可采用电工刀在施工现场切削。

（5）用左手托住圆木，右手持多用型电工刀的锯片，来锯割木条、竹条、塑料槽板。

（6）在硬质木上拧螺钉很费劲时，可先用多用型电工刀上的锥子锥个洞，这时拧螺钉便省力多了。

（7）圆木上需要钻穿线孔，可先用锥子钻出小孔，然后用扩孔锥将小孔扩大，以利于较粗的电线穿过。

（8）应将刀口朝外剖削，并注意避免伤及手指。

（9）使用完毕，随即将刀身折进刀柄。

（10）电工刀刀柄是无绝缘保护的，不能在带电导线或器材上剖削，以免触电。

1.1.3　螺钉旋具

螺钉旋具俗称螺丝刀、改锥、起子，是一种紧固或拆卸螺钉的工具。螺钉旋具尺寸规格很多，按头部形状的不同分为刀形（一字形）和十字形两种，如图1.1.7所示。螺钉旋具的

图 1.1.7　螺钉旋具

规格习惯上用柄部外面杆身长度表示，电工必备的一字形和十字形螺钉旋具有长 50 mm 和 150 mm 各两把，分别用来旋拧不同规格的螺钉。螺钉旋具主要由刀头与手柄构成，柄部一般用木材或塑料制成，塑料柄具有较好的绝缘性能。

1. 螺钉旋具的种类

1）普通螺钉旋具

普通螺钉旋具就是头柄造在一起的螺钉旋具，容易准备，只要拿出来就可以使用，但由于螺钉有很多种不同长度和直径，有时需要准备很多支不同的螺钉旋具。

2）组合型螺钉旋具

组合型螺钉旋具是一种把螺钉旋具头和柄分开的螺钉旋具，要安装不同类型的螺钉时，只需把螺钉旋具头换掉就可以，不需要准备大量螺钉旋具。它的好处在于可以节省空间，却容易遗失螺钉旋具头。

3）电动螺钉旋具

电动螺钉旋具，顾名思义就是以电动机代替人手安装和移除螺钉，通常是组合螺钉旋具。

4）电动冲击螺丝刀

电动冲击螺丝刀是一种以每秒数百次高强度的脉冲式扭力，施加于钻头来打长度超过 5 cm 的螺纹的电动工具。

5）气动螺钉旋具

气动螺钉旋具，顾名思义就是以压缩空气带动马达代替人手安装和移除螺钉。

6）手推式螺钉旋具

手推式螺钉旋具是少数几种以逆反方式使用螺旋机制的工具，将直线运动变换为旋转运动。这种工具的螺旋线型螺纹具有很大的螺距，将螺钉旋具的尖端对入螺钉的顶部凹坑，朝着螺钉方向施加压力，轴杆会旋转，从而扭转螺钉。

7）少数几种螺旋机械

少数几种螺旋机械，例如手推式螺钉旋具（一种靠人力为动力来源的钻孔器），以逆反方式使用螺旋。假设对着轴杆施加轴向负载力，则螺杆会旋转。

8）钟表螺丝刀

钟表螺丝刀包含一字、十字、星形、六角等几种，属于精密旋具，常用在修理手带型钟表。

9）小金刚螺钉旋具

其头柄及身长尺寸比一般常用螺钉旋具小，但非钟表螺丝刀。

10）星形螺丝刀

螺丝刀的头端呈现五角或六角星形等，适用于精密仪器、手机等星形特殊螺钉。

2. 螺钉旋具的使用方法

将螺钉旋具拥有特化形状的端头对准螺钉的顶部凹坑固定，然后开始旋转手柄，如图 1.1.8 所示。根据规格标准，顺时针方向旋转为嵌紧，逆时针方向旋转为松出。需要注意的是一字螺钉旋具可以应用于十字螺钉，此时要求十字螺钉拥有较强的抗变形能力。

（1）大螺钉旋具一般用来紧固较大的螺钉：使用时，除大拇指、食指和中指要夹住手

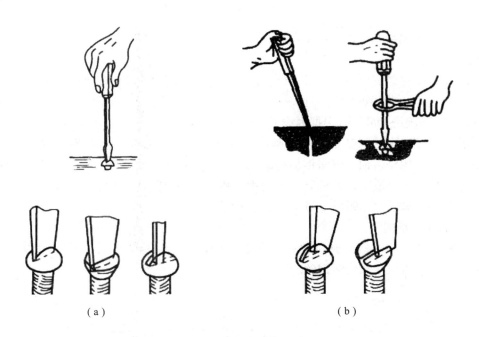

（a）   （b）

图 1.1.8 螺钉旋具的使用方法

（a）正确操作方法；（b）错误操作方法

柄外，手掌还要顶住柄的末端，这样就可防止旋具转动时滑脱。

（2）小螺钉旋具一般用来紧固电气装置接线桩头上的小螺钉：使用时可用手指顶住木柄的末端捻旋。

（3）较长螺钉旋具的使用：可用右手压紧并转动手柄，左手握住螺钉旋具中间部分，以使螺钉旋具不滑落，此时左手不得放在螺钉的周围，以免螺钉旋具滑出时将手划伤。

3. 注意事项

（1）根据不同螺钉选用不同的螺钉旋具：旋具头部厚度应与螺钉尾部槽形相配合，斜度不宜太大，头部不应有倒角，否则容易打滑。一般来说，电工不可使用金属杆直通柄顶的螺钉旋具，否则容易造成触电事故。

（2）使用旋具时，需将旋具头部放至螺钉槽口中并用力推压螺钉，平稳旋转旋具，特别要注意用力均匀，不要在槽口中蹭，以免磨毛槽口。

（3）使用螺钉旋具紧固和拆卸带电的螺钉时，手不得触及旋具的金属杆，以免发生触电事故。

（4）不要将旋具当作镊子使用，以免损坏螺钉旋具。

（5）为了避免螺钉旋具的金属杆触及皮肤或触及邻近带电体，可在金属杆上套绝缘管。

（6）旋具在使用时应该使头部顶牢螺钉槽口，防止打滑而损坏槽口。同时注意，不用小旋具去拧旋大螺钉，否则，一是不容易拧紧，二是螺钉尾槽容易拧豁，三是旋具头部易受损。反之，如果用大旋具拧旋小螺钉，也容易造成因为力矩过大而导致小螺钉滑丝现象。

1.1.4　钢丝钳

钢丝钳，也称老虎钳、平口钳、综合钳，它可以把坚硬的细钢丝夹断，有不同的种类。它是工业生产和生活中的常用工具。电工常用的钢丝钳有 150 mm、175 mm、200 mm 及 250 mm 等多种规格，具体可根据内线或外线工种需要选购。一般市场上的钢丝钳分中和高两个档次，所谓档次的划分不是因为其质量的好坏问题，而在于制造钢丝钳的材质问题。一般钢丝钳可以用铬钒钢、镍铬钢、高碳钢和球墨铸铁 4 种材料制作。铬钒钢和镍铬钢的硬度高、质量好，一般用这种材质制造的钢丝钳可列为高档次钢丝钳，高碳钢的相对档次较低，球墨铸铁做的钢丝钳质量最次，价格最便宜。

1. 钢丝钳的结构

钢丝钳由钳头和钳柄组成，钳头包括钳口、齿口、刀口和铡口，如图 1.1.9 所示，带刃口的钢丝钳还可以用来切断钢丝。

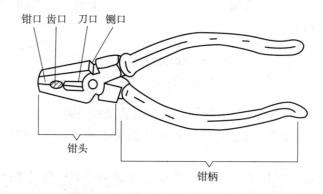

钳口　齿口　刀口　铡口

钳头

钳柄

图 1.1.9　钢丝钳的结构

钳子各部位的作用是：

（1）钳口：可用来夹持物件。

（2）齿口：可用来紧固或拧松螺母。

（3）刀口：可用来剪切电线、铁丝，也可用来剖切软电线的橡皮或塑料绝缘层。

（4）铡口：可以用来切断电线、钢丝等较硬的金属线。

2. 钢丝钳的使用方法

（1）用右手握住钢丝钳，将钳口朝内侧，便于控制钳切部位，小指伸在两钳柄中间抵住钳柄，张开钳头，这样便于灵活分开钳柄。

（2）刀口可用来剪切电线、铁丝。剪 8 号镀锌铁丝时，应用刀刃绕表面来回割几下，然后只需轻轻一扳，铁丝即断。

（3）铡口也可以用来切断电线、钢丝等较硬的金属线。

（4）钢丝钳的绝缘套耐压为 500 V 以上，有绝缘套的情况下可以带电剪切电线。

3. 注意事项和安全知识

钢丝钳的使用注意事项如下：

（1）使用前，应检查绝缘柄的绝缘是否完好。

（2）剪断带电导线时，不能同时剪切相线和零线。

（3）切勿用刀口去剪切钢丝，以免损伤刀口。

（4）钳柄的绝缘管破损后应及时调换，不可勉强使用，以防在作业中钳头触到带电部位而发生意外事故。

（5）用钢丝钳缠绕抱箍固定拉线时，用齿口夹住铁丝，以顺时针方向缠绕。

需要特别强调的是：在使用电工钢丝钳之前，必须检查绝缘柄的绝缘是否完好，绝缘如果损坏，进行带电作业时非常危险，会发生触电事故；同时还应注意带电工作时钳头金属部分与带电体的安全距离。

1.1.5　尖嘴钳

尖嘴钳又称为修口钳，也是电工（尤其是内线电工）常用的工具之一。

尖嘴钳的头部尖细，适用于在狭小的空间操作，其外形如图 1.1.10 所示。钳头用于夹持较小螺钉、垫圈、导线和把导线端头弯曲成所需形状，小刀口用于剪断细小的导线、金属丝等。尖嘴钳规格通常按其全长分为 130 mm、

图 1.1.10　尖嘴钳的外形

160 mm、180 mm、200 mm 四种。

操作方法：一般用右手操作，使用时握住尖嘴钳的两个手柄，开始夹持或剪切工作。

尖嘴钳的使用注意事项如下：

（1）使用尖嘴钳时，手离金属部分的距离应不小于 2 cm。

（2）钳头部分尖细且经过热处理，钳夹物体不可过大，用力时切勿太猛，以防损坏钳头。

（3）注意防潮、勿磕碰损坏尖嘴钳的柄套，以防触电。

（4）使用完毕要擦净，钳轴要经常加油，以防生锈。

1.1.6　斜口钳

斜口钳主要用于剪切导线和元器件多余的引线，还可用来代替一般剪刀剪切绝缘套管、尼龙扎线卡等。其外形如图 1.1.11 所示。

市面上对于斜口钳又称为"斜嘴钳"，其类型主要有：专业电子斜口钳、德式省力斜口钳、不锈钢电子斜口钳、VDE 耐高压大头斜口钳、镍铁合金欧式斜口钳、精抛美式斜

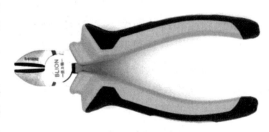

图 1.1.11　斜口钳

口钳、省力斜口钳等。

斜口钳的使用方法：斜口钳的刀口可用来剖切软电线的橡皮或塑料绝缘层，钳子的刀口也可用来剪切电线、铁丝。应用刀刃绕表面来回割几下，然后只需轻轻一扳，铁丝即断。铡口也可以用来切断电线、钢丝等较硬的金属线。使用工具的人员，必须熟知工具的性能、特点、使用、保管和维修及保养方法。使用钳子时用右手进行操作，将钳口朝内侧，便于控制钳切部位，用小指伸在两钳柄中间来抵住钳柄，张开钳头，这样分开钳柄灵活。

使用斜口钳需注意：要量力而行，不可以用来剪切过粗的钢丝绳、铜导线和铁丝，否则容易导致钳子崩牙和损坏。

1.1.7 剥线钳

剥线钳是仪器仪表电路修理、电机修理、内线电路维修的常用工具之一。剥线钳主要由刀口、压线口、钳柄三部分组成，钳柄上包覆有可抗 500 V 电压的绝缘套。手动剥线钳和半自动剥线钳的外观如图 1.1.12 所示。

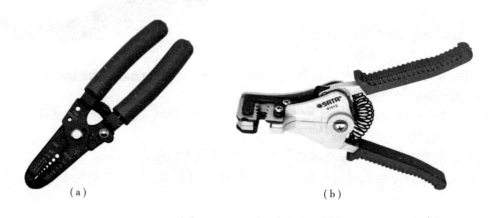

（a）   （b）

图 1.1.12　剥线钳的外观

（a）手动剥线钳；（b）半自动剥线钳

1. 剥线钳的性能标准

（1）钳头能灵活地开合，并在弹簧的作用下开合自如。

（2）刀口在闭合状态下，其间隙不大于 0.3 mm。

（3）剥线钳钳口硬度不低于 HRA56 或不低于 HRC30。

（4）剥线钳能顺利剥离芯线直径为 0.5～2.5 mm 导线外部的塑料或橡胶绝缘层。

（5）剥线钳的钳柄有足够的抗弯强度，可调式端面剥线钳在承受 20 N·m 载荷试验后，其钳柄的永久变形量不大于 1 mm。

2. 剥线钳的使用方法

手动剥线钳的使用方法：

（1）剥线钳的型号/剥线范围一般分为 0.6 mm、0.8 mm、1.0 mm、1.3 mm、1.6 mm、2.2 mm、2.6 mm 或 10～22 AWG 七挡。根据缆线的粗细型号，选择相应的剥线刀口。

（2）将准备好的电缆放在剥线工具的刀刃中间，选择好要剥线的长度。

（3）握住剥线工具手柄，将电缆夹住，缓缓用力使电缆外表皮慢慢剥落。

（4）松开工具手柄，取出电缆线，这时电缆金属整齐露出外面，其余绝缘塑料完好无损。

半自动剥线钳的使用方法：

图 1.1.13 所示为半自动剥线钳的机构简图，当握紧剥线钳手柄使其工作时，弹簧首先被压缩，使夹紧机构夹紧电线，而此时在扭簧 1 的作用下剪切机构不会运动；当夹紧机构完全夹紧电线时，扭簧 1 所受的作用力逐渐变大致使扭簧 1 开始变形，使剪切机构开始工作，而此时扭簧 2 所受的力还不足以使夹紧机构与剪切机构分开；剪切机构完全将电线皮切开后剪切机构被夹紧，此时扭簧 2 所受作用力增大，当扭簧 2 所受作用力达到一定程度时，扭簧 2 开始变形，夹紧机构与剪切机构分开，使电线被切断的绝缘皮与电线分开，从而达到剥线的目的。

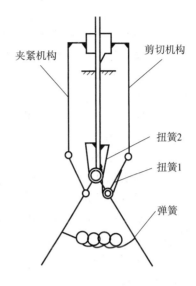

图 1.1.13　半自动剥线钳的机构简图

3. 使用注意事项

想要剥线钳长久使用，除了剥线钳使用时规范操作之外，还需注意以下事项：

（1）不要用轻型的钳子当作锤子使用或者敲击钳柄，如果这样滥用，钳子会开裂、折断，钳刃会崩口。

（2）经常给钳子上润滑油，在铰链上加点润滑油既可延长使用寿命又可确保使用省力。

（3）不要延长手柄的长度去获得更大的剪切力，而应使用规格更大的钳子或者断线钳。

（4）不要把钳子放在过热的地方，否则会引起退火而损坏工具。

（5）钳子不能使用在螺母和螺钉上，使用扳手效果会更好，而且不易损坏扣件。

（6）普通钳子不能剪切钢丝，除非专门有此功能。

（7）注意警告提示：手柄上的胶套是为增加使用舒适度；除非是特定的绝缘手柄，否则这些胶套是不能防电，也不能用于带电作业。

（8）用正确的角度进行剪切，不能敲击钳子的手柄与钳头或用钳刃卷曲钢丝。

（9）剪切电线时应该配戴护目镜保护眼睛。

（10）不要用轻型的钳子卷曲硬钢丝，如果用尖嘴钳头部弯曲太粗的钢丝，钳子会坏，应该用坚固的工具。

技能训练

1. 任务要求与步骤

（1）认真学习总结各种电工工具的使用方法及注意事项。

（2）用低压试电笔进行如下操作：

①区别火线和零线：正常情况下，试电笔接触火线时氖管会发光，接触零线时氖管不发光。

②区别电压的高低：氖管发光的强弱由被测电压的高低决定，电压高氖管亮，反之，氖管较暗。

③区别直流电压和交流电压：交流电通过试电笔时，氖管中的两个电极同时发光；直流电通过试电笔时，氖管中的电极只有一端亮。

④区别直流电压的正负极：试电笔连接在直流电的两端时，氖管发光的一端为直流电的负极。

（3）用电工刀对废旧塑料单芯硬线进行剖削练习。

（4）正确运用螺钉旋具进行操作。

（5）正确运用钢丝钳进行操作。

（6）进行尖嘴钳的操作练习。

（7）进行斜口钳的操作练习。

（8）用剥线钳对废旧导线进行剖削练习。

2. 主要设备器件

（1）实训工作台。

（2）各种电工工具。

（3）废旧导线。

3. 注意事项

（1）切剥导线时注意不要损坏芯线。

（2）导线接头处正确处理，防止接触电阻过大。

（3）使用试电笔之前，最开始要检查试电笔内是否有安全电阻，再查看试电笔是否有破损，有无受潮或者是进水，检查良好后才可以使用。

（4）使用试电笔时，切忌用手触摸试电笔前端的金属部位，避免人身触电危险。

4. 任务考核

根据任务要求与步骤，对任务完成情况进行考核，考核及评分标准如表1.1.1所示。

表 1.1.1　任务考核评分表

评价类型	占比情况	序号	评价指标	分值	得分		
					自评	互评	教师评价
知识点和技能点	70	1	正确进行火线和零线的区分	5			
		2	正确判断电压的高低	5			
		3	正确判断直流电和交流电	5			
		4	正确判断直流电的正负极	5			
		5	规范运用电工刀进行单芯硬线的操作	10			
		6	螺钉旋具的正确使用	6			
		7	钢丝钳的正确使用	8			
		8	尖嘴钳的正确使用	8			
		9	斜口钳的正确使用	8			
		10	剥线钳的正确使用	10			

续表

评价类型	占比情况	序号	评价指标	分值	得分		
					自评	互评	教师评价
职业素养	20	1	按时出勤，遵守纪律	3			
		2	专业术语用词准确、表述清楚	4			
		3	操作规范	6			
		4	工具整理、正确摆放	4			
		5	团结协作、互助友善	3			
劳动素养	10	1	按时完成	3			
		2	保持工位卫生、整洁、有序	4			
		3	小组任务明确、分工合理	3			

5. 总结反思

总结反思如表 1.1.2 所示。

表 1.1.2　总结反思

总结反思	
目标达成度：知识 ◎◎◎◎　　　能力 ◎◎◎◎　　　素养 ◎◎◎◎	
学习收获：	教师寄语：
问题反思：	签字：_____

6. 练习拓展

（1）使用试电笔时，为什么一定要用手触及试电笔尾端的金属部分？

（2）列举不正确使用螺钉旋具的例子。

（3）比较手动剥线钳和半自动剥线钳各自的特点。

（4）螺钉旋具、钢丝钳、剥线钳的绝缘手柄作用有何共同点和不同点。

（5）钢丝钳和尖嘴钳的区别是什么？

任务1.2 特殊用途电工工具的使用

任务描述

在实际的电工作业中，有时候需要用到一些特殊的电工工具来进行相关的操作。本任务介绍几种特殊用途的电工工具，通过介绍，学生可以了解特殊用途电工工具的使用场合，理解其工作原理，了解在使用过程中需注意的问题，在此基础上，运用特殊用途电工工具进行相应的电工操作。

任务目标

了解特殊用途电工工具的工作原理。

掌握特殊用途电工工具的使用方法。

了解特殊用途电工工具的使用场合。

培养规范操作、严谨务实的职业素养。

培养团结协作、互助友善的团队精神。

知识储备

1.2.1 压线钳

压线钳即导线压接接线钳，是一种用冷压的方法来连接铜、铝等导线的工具，特别是在铝绞线和钢芯铝绞线敷设施工中经常用到。压线钳主要分为手压钳和液压钳两类，手压钳适用于直径35 mm以下的导线；液压钳主要依靠液压传动机构产生压力而达到压接导线的目的，适用于压接直径35 mm以上的多股铝、铜芯导线。压线钳的结构如图1.2.1所示。

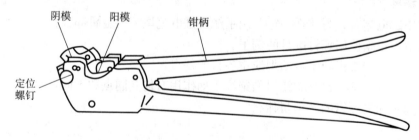

图1.2.1 压线钳的结构

1. 压线钳的使用方法

（1）首先检视被压着端子与电线规格是否匹配。

（2）选择所欲压着之模具，例如欲被压着之端子规格为240 mm²，则选择240 mm²之上下模具。

（3）将模具分别装入活塞与模具固定座中。

在网线的制作过程中，压线钳是必不可少的工具之一，也是保证网络畅通的大功臣。压线钳不仅仅用于压制网线，还可使用它完成剪线、剥线和压线三种任务。压线钳共有三个压头和两个剥线口，还有一个剪线用的剪刀。压头有 8p、6p、4p 之分，8p 用于压网线，6p 用于压电话线，4p 用于压听筒线。剥线口分半圆口和平口之分，半圆口用于剥网线，剥线长度应离断口 13 mm 左右；平口用于剥电话线，剥线长度离断口 8 mm 左右。部分型号钳口下方带有剪刀，可以剪断导线。

2. 压线钳使用注意事项

一般根据日常使用的频率，压线钳的销、轴及轴承接触面要适时涂抹润滑油；压线钳不使用时，将其收入工具盒并存放于清洁、干燥的地方。压模前端部靠紧后须确认棘轮脱开。在使用手动棘轮压线钳的时候，不要带电压线或在带电导线附近作业，避免出现触电危险。使用时压面上不能有脏东西。使用过后，需要进行清理，再进行使用，否则会使压接不完全或发生故障。此外不可在松动的情况下继续使用。

1.2.2 冲击电钻

冲击电钻是指以旋转切削为主，兼有依靠操作者推力产生冲击力的冲击机构，是用于砖、砌块及轻质墙等材料上钻孔的电动工具。

冲击电钻可用于天然的石头或混凝土。它们是通用的，因为它们既可以用"单钻"模式，也可以用"冲击钻"模式，所以对专业人员和自己动手者，它都是值得选择的基本电动工具。电锤依靠旋转和捶打来工作。单个捶打力非常高，并具有每分钟 1 000～3 000 的捶打频率，可产生显著的力。与冲击电钻相比，电锤需要最小的压力来钻入硬材料，例如石头和混凝土，特别是相对较硬的混凝土。电钻只具备旋转方式，特别适合于在需要很小力的材料上钻孔，例如软木、金属、砖、瓷砖等。冲击电钻依靠旋转和冲击来工作。

冲击电钻的冲击机构有犬牙式和滚珠式两种。滚珠式冲击电钻由动盘、定盘、钢球等组成。动盘通过螺纹与主轴相连，并带有 12 个钢球；定盘利用销钉固定在机壳上，并带有 4 个钢球，在推力作用下，12 个钢球沿 4 个钢球滚动，使硬质合金钻头产生旋转冲击运动，能在砖、砌块、混凝土等脆性材料上钻孔。脱开销钉，使定盘随动盘一起转动，不产生冲击，可作普通电钻用。

1. 冲击电钻的结构

冲击电钻的结构如图 1.2.2 所示。

2. 使用方法及注意事项

（1）操作前必须查看电源是否与电动工具上的常规额定 220 V 电压相符，以免错接到 380 V 的电源上。

（2）使用冲击电钻前须仔细检查机体绝缘防护、辅助手柄及深度尺调节等情况，机器有无螺钉松动现象。

（3）冲击电钻必须按材料要求装入 $\phi6\sim25$ mm 允许范围的合金钢冲击钻头或打孔通用钻头，严禁使用超越范围的钻头。

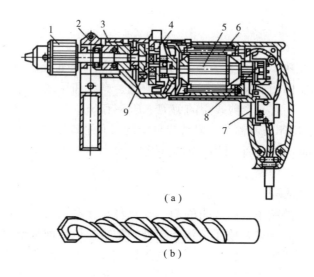

图 1.2.2 冲击电钻的结构

（a）结构；（b）钻头

1—钻夹头；2—辅助手柄；3—冲击离合器；4—减速箱；5—电枢；6—定子；7—开关；8—换向器；9—锤钻离合器

（4）使用冲击电钻的电源插座必须配备漏电开关装置，并检查电源线有无破损现象，使用当中发现冲击电钻漏电、振动异常、高热或者有异声时，应立即停止工作。

（5）冲击电钻更换钻头时，应用专用扳手及钻头锁紧钥匙，杜绝使用非专用工具敲打冲击电钻。

（6）使用冲击电钻时切记不可用力过猛或出现歪斜操作，事前务必装紧合适钻头并调节好冲击电钻深度尺，垂直、平衡操作时要均匀的用力，不可强行使用超大钻头。

（7）熟练掌握和操作顺逆转向控制机构、松紧螺纹及打孔攻牙等功能。

（8）冲击电钻工作时有较强的振动，内部的电气接点易脱落，操作者应戴绝缘手套。

（9）冲击电钻在向上钻孔时，操作者应戴防护眼镜。

（10）冲击电钻导线要保护好，严禁满地乱拖，防止轧坏、割破，更不准把电线拖到油水中，防止油水腐蚀电线。

3. 维护保养

冲击电钻在使用中，还应当定期进行维护和保养，具体包括：

（1）由专业电工定期更换冲击电钻的碳刷及检查弹簧压力。

（2）保障冲击电钻机身整体完好、清洁及污垢的清除，保证冲击电钻转动顺畅。

（3）由专业人员定期检查电钻各部件是否损坏，对损伤严重而不能再用的应及时更换。

（4）及时增补因作业中机身上丢失的机体螺钉紧固件。

（5）定期检查传动部分的轴承、齿轮及冷却风叶是否灵活完好，适时对转动部位加注润滑油，以延长电钻的使用寿命。

（6）使用完毕后要及时将电钻归还工具库妥善保管。杜绝在个人工具柜存放过夜。

🎯 技能训练

1. 任务要求与步骤

（1）认真学习总结特殊用途电工工具的使用方法及注意事项。

（2）练习运用压线钳压接线头。

（3）练习电钻、电锤的钻孔操作。

2. 主要设备器件

（1）实训工作台。

（2）特殊电工工具。

（3）废旧导线。

3. 任务考核

根据任务要求与步骤，对任务完成情况进行考核，考核及评分标准如表1.2.1所示。

表1.2.1 任务考核评分表

评价类型	占比情况	序号	评价指标	分值	得分		
					自评	互评	教师评价
知识点和技能点	70	1	正确运用压线钳压接线头	30			
		2	正确运用电钻、电锤进行钻孔操作	40			
职业素养	20	1	按时出勤，遵守纪律	3			
		2	专业术语用词准确、表述清楚	4			
		3	操作规范	6			
		4	工具整理、正确摆放	4			
		5	团结协作、互助友善	3			
劳动素养	10	1	按时完成	3			
		2	保持工位卫生、整洁、有序	4			
		3	小组任务明确、分工合理	3			

4. 总结反思

总结反思如表1.2.2所示。

表1.2.2 总结反思

总结反思	
目标达成度：知识 ◎◎◎◎ 能力 ◎◎◎◎ 素养 ◎◎◎◎	
学习收获：	教师寄语：
问题反思：	签字：_____

5. 练习拓展

（1）简述压线钳的功能及使用方法？

（2）压线钳使用后若不清理可能会导致什么问题？

（3）简述冲击电钻的适用场合和保养措施。

任务 1.3　常用仪器仪表的使用

任务描述

在电工作业中，除了进行正常的操作外，还需对运行中的各项参数进行测量，确保运行的稳定和可靠。有时设备在运行中出现故障，也需要通过对电路进行检测来找出故障点进行故障排除。本任务介绍几种电工操作中经常使用到的仪器仪表，通过本任务的学习，学生可以了解常用仪器仪表的结构、类型，理解其工作原理，掌握其使用方法，了解在使用过程中需注意的问题，为实际电路参数的测量和电路的调试奠定一定的基础。

任务目标

了解数字万用表的结构与工作原理。

掌握数字万用表测量各种参数的方法。

掌握电压表、电流表测量参数的方法。

熟练掌握兆欧表测量参数的方法。

掌握钳形电流表测量电流的方法。

能根据具体电路类型及场合选择合适的仪器仪表测量参数。

具备应用仪器仪表测量参数来分析、调试电路的能力。

培养发现问题、提出问题、分析问题和解决问题的能力。

培养安全用电常识。

知识储备

1.3.1　数字万用表

1. 基本介绍

万用表又称多用表、复合表，是一种多功能、多量程的测量仪器，根据显示方式的不同，可以将万用表分成指针式万用表和数字万用表两大类。

指针式万用表的黑表笔接内部电源的正极，红表笔接内部电源的负极；数字万用表的黑表笔接内部电源的负极，红表笔接内部电源的正极。由于目前主要采用的是数字万用表，所以本书主要介绍数字万用表的基本知识。数字万用表如图 1.3.1 所示。

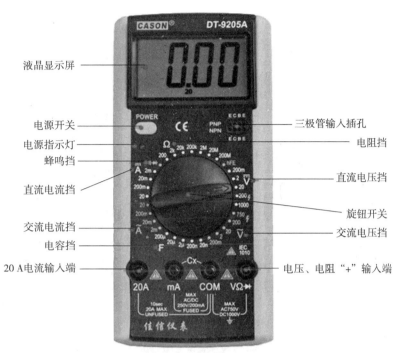

图 1.3.1　数字万用表

1）分辨率

分辨率是指一块表测量结果的好坏。了解一块表的分辨率，就可以知道是否可以看到被测量信号的微小变化。例如，如果数字万用表在 4 V 范围内的分辨率是 1 mV，那么在测量 1 V 的信号时，就可以看到 1 mV（1/1 000 V）的微小变化。位数、字就是用来描述万用表的分辨率的。数字万用表是按它们可以显示的位数和字分类的。一个 3 位半的数字万用表，可以显示三个从 0 ~ 9 的全数字位和一个半位（只显示 1 或没有显示）。一块 3 位半的数字万用表可以达到 1 999 字的分辨率。一块 4 位半的数字万用表可以达到 19 999 字的分辨率。

2）精度

精度就是指在特定的使用环境下，出现的最大允许误差。换句话说，精度就是用来表明数字万用表的测量值与被测信号实际值的接近程度。对于数字万用表来说，精度通常使用读数的百分数表示。例如，1% 的读数精度含义是：数字万用表的显示是 100.0 V 时，实际的电压可能会在 99.0 ~ 101.0 V。

2. 测量方法

1）电阻测量

测量电阻时，将黑表笔插进"COM"孔，红表笔插入"VΩ"孔中，把旋钮开关旋到"Ω"中所需的量程，用表笔接在电阻两端金属部位，测量中可以用手接触电阻，但不要把手同时接触电阻两端，这

万用表的使用

样会影响测量精确度（人体也会对应一定的电阻），如图 1.3.2 所示。读数时，要保持表笔和电阻有良好的接触；同时还应注意选择的单位：在"200"挡时单位是"Ω"，在"2k"

到"200k"挡时单位为"kΩ","2M"以上的单位是"MΩ"。

图 1.3.2　万用表测量电阻

2）电压测量

（1）直流电压的测量。

测量直流电压时，首先将黑表笔插进"COM"孔，红表笔插进"VΩ"孔。把旋钮开关旋到比估计值大的量程（注意：表盘上的数值均为最大量程，"V－"是直流电压挡，"V～"是交流电压挡，"A－"是直流电流挡，"A～"是交流电流挡），接着把表笔接被测量元件两端；保持接触稳定，如图1.3.3所示。数值可以直接从显示屏上读取，若显示为"1."，则表明量程太小，要加大量程后再测量。如果在数值左边出现"－"，则表明表笔极性与实际被测电压极性相反，且此时红表笔接的是负极。

（2）交流电压的测量。

表笔插孔与测量直流电压时一样，不过应该将旋钮开关打到交流电压挡"V～"处所需的量程，如图1.3.4所示。交流电压无正负之分，测量方法跟直流电压相同。需要注意的是，测量交流电压时显示区显示的数

图 1.3.3　万用表测量直流电压

值为交流电压的有效值。

无论测交流电压还是直流电压，都要注意人身安全，不要随便用手触摸表笔的金属部分。

3）电流的测量

先将黑表笔插入"COM"孔，测量直流电流时，若测量电流大于 200 mA，则将红表笔插入"10 A"插孔并将旋钮开关打到直流"10 A"挡；若测量电流小于 200 mA，则将红表笔插入"200 mA"插孔，将旋钮开关打到直流 200 mA 以内的合适量程，如图 1.3.5 所示。调整好后，就可以测量了。需要注意的是，在测量电流时，需要将数字万用表的两个表笔串联在电路中，保持稳定，即可读数。若显示为"1."，要加大量程重新测量；如果在数值左边出现"−"，则表明电流从黑表笔流进万用表。

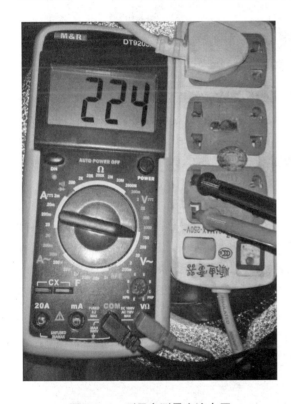

图 1.3.4　万用表测量交流电压

图 1.3.5　万用表测量直流电流

交流电流的测量，首先将挡位打到交流挡位，测量方法与直流电流测量方法相同，电流测量完毕后应将红表笔插回"VΩ"孔。

4）二极管的测量

首先把万用表的旋钮开关旋转到二极管标识符所处的位置，红表笔插入"VΩ"孔、黑表笔插入"COM"孔，然后把两表笔短接下，这时会听到蜂鸣器发出响声，说明该挡可以正常使用，如图 1.3.6 所示。另外可以确定两表笔之间的电阻几乎为零，生活中常用这一点测量线路有没有发生断路现象，以及器件是否电气连在一块。

使用万用表测量二极管时，需要注意以下几点：首先，红表笔插入"VΩ"孔、黑表笔插入"COM"孔；两表笔分别与二极管的两个端子连接之后，对调位置，分别记录两次结

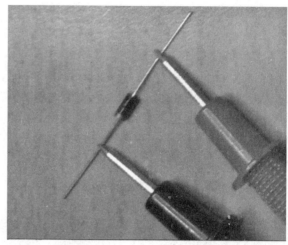

图1.3.6 万用表测量二极管

果。如果两次测量的结果一次显示"1"字样，另一次显示零点几的数字（二极管的管压降），那么此二极管就是一个正常的二极管，且显示零点几的数字时红表笔接的是二极管的阳极，黑表笔接的是二极管的阴极；假如两次显示都相同的话，那么此二极管已经损坏。此外利用该挡还可以判断二极管是硅管还是锗管（根据显示的管压降，0.7 V 左右时为硅管，0.2 V 左右时为锗管）。

5）三极管的测量

测量三极管时，首先将红表笔插入"VΩ"孔、黑表笔插入"COM"孔，并将旋钮开关转到标有二极管符号的挡位，找出三极管的基极 B 并判断三极管的类型（PNP 或者 NPN），之后将旋钮开关旋转到 hFE 挡，根据已经判断出的三极管类型，将其三个管脚插入 PNP 或 NPN 插孔，读出显示屏上显示的数据，该数据为三极管的电流放大倍数，即 β 大小，如图 1.3.7 所示。

图1.3.7 万用表测量三极管

三极管基极（B）、发射极（E）和集电极（C）的判定方法：

（1）判断基极：假定 A 脚为基极，用黑表笔与该脚相接，红表笔分别接触其他两脚；若两次读数均为 0.7 V 左右，然后再用红表笔接 A 脚，黑表笔接触其他两脚，若均显示"1"，则 A 脚为基极，且此时三极管为 PNP 型，否则需要重新测量。

（2）利用"hFE"挡来判断集电极和发射极：先将挡位打到"hFE"挡，可以看到挡位旁有一排小插孔，分为 PNP 和 NPN 管的测量。将基极插入对应管型"B"孔，其余两脚分别插入"C""E"孔，此时可以读取数值，即 β 值；再固定基极，其余两脚对调；比较两次读数，读数较大的管脚位置与表面"C""E"相对应。

6）电容的测量

测量电容时，首先将电容两端短接，对电容进行放电，确保万用表的安全；接着将旋钮开关打至电容"F"测量挡，并选择合适的量程；然后将电容插入万用表"CX"插孔，并读出显示屏上显示的数据，如图 1.3.8 所示。需要注意的是，测量前后要对电容进行放电，否则容易损坏万用表；此外，仪器本身已对电容挡设置了保护，故在电容测试过程中不用考虑极性及电容充放电等情况。

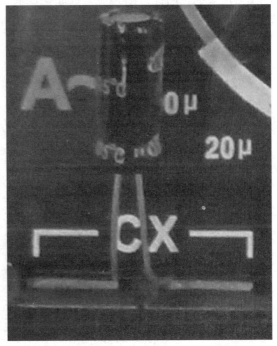

图 1.3.8　万用表测量电容

7）频率的测量

测量频率时，首先将红表笔插入"VΩ"孔、黑表笔插入"COM"孔，旋转开关转到表盘上频率挡位，若表盘相应位置显示 10 MHz，则表示最大测量频率值为 10 MHz，在测量的时候把两表笔分别与被测量的电源两端相接（两表笔不区分火线和零线），此时在显示屏上可以直接读出测量的频率值。

需要注意的是：一般仪表的频率测量功能只适用于测试低压频率（如音频信号），测试输入灵敏度均在 mV 级电压；如果被测频率信号电压过高，除测试结果不准确外，还会导致仪表保护电路损坏。

8）测量电路工作状态

在装接电路或电路不能正常工作时，通常使用万用表的蜂鸣挡测试电路各处的工作状态。

蜂鸣挡（通断挡）是通过显示一定的数字［该数字表示电阻大小；如果小于一定的数值（不同表不一样），则认为是短路，蜂鸣器就会发出声音］来判断电路工作状态的。万用表拨到通断挡位时，被接通的内部电路是黑表笔接内部电池的负极，电池的正极接阻值很小的电阻，电阻的另一端接红表笔。内部的鸣叫电路就从电阻上取得触发信号。如果两个表笔短路或之间的电阻较小，那么，表内的触发电阻上的电压就较高，从而触发鸣叫。如果两个表笔之间的电阻较大，那么串联的内部触发电阻分压就很小，就不能触发鸣叫。

需要注意的是：一定要在断电后才能测量电阻大小或线路的状态。带电设备测通断不能用万用表的通断挡，因为根据通断挡的测量原理，可以想象，如果表笔接在电源上，尤其是接高压时，触发电阻两端的电压就会很大，严重的会烧坏万用表，有时会烧坏鸣叫电路，甚至损坏电池。

1.3.2 电压表和电流表

电压表、电流表是测量电压和电流专用的仪表，其外形如图 1.3.9 所示。

（a）　　　　　　　　　　　（b）

图 1.3.9　电压表、电流表外形
（a）电压表；（b）电流表

1. 使用方法

电压表、电流表使用方法大同小异，电压表必须并联在待测电路，电流表必须串联在待测电路，直流表负接线柱必须接入低电位端。下面以电压表为例介绍使用方法。

在用电压表测电压时，要做到：会看（看表盘）、会调（调零）、会连（连接）、会选（选量程）、会读（读数）。

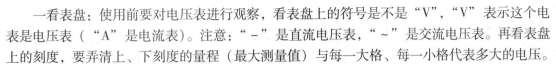

一看表盘：使用前要对电压表进行观察，看表盘上的符号是不是"V"，"V"表示这个电表是电压表（"A"是电流表）。注意："–"是直流电压表，"～"是交流电压表。再看表盘上的刻度，要弄清上、下刻度的量程（最大测量值）与每一大格、每一小格代表多大的电压。

二要调零：使用前应先观察指针是否指在"0"刻度线处，如果在"0"点的左侧或右侧，则需要旋转电压表上的调零旋钮，使指针指在"0"点。

三会连接：根据测量要求（测量哪个用电器或电路元件两端的电压），必须将电压表和被测的用电器或电路元件并联。连接时应注意：①连接电路时，开关应断开；②接线柱的接法要正确，对于测量直流时，电流要从标有"–"的接线柱流出。

四选量程：用电压表测量电压时，一要确保被测电压不能超过电压表的最大测量值，二要确保电压表安全的前提下尽量提高测量的准确程度，因此要根据被测电压的大小选择电压表的量程。一般情况下，要通过试触来选择量程。试触的作用，一是检查电压表的连接是否正确；二是确定所选用的电压表的量程是否合适。

五会读数：正确读出电压表的示数，是电学实践中必须具备的基本技能之一。

2. 注意事项

（1）电压表、电流表应定期用干软布擦拭，以保持清洁。

（2）安装和拆卸电表时，应先切断电源，以免发生人身事故或损坏测量机构。

（3）接入电路之前，应先估计电路上要测量的电压、电流等是否在电压表、电流表最大量程内，以免电表过载而被损坏。选择电表最大量程时，以被测量的1.5~2倍为宜。

（4）在搬运和拆装电表时应小心，轻拿轻放，不能受到强烈的振动或撞击，以防损坏电表的零部件，特别是电表的轴承和游丝。

（5）电表的指针必须经常进行零位调整。平时指针应指在零位上，如略有差距，可调整电表上的零位校正螺钉，使指针恢复到零点的位置。

（6）测量电压时，电压表应与被测电路并联，测量电流时，电流表应与被测电路串联。测量直流电压时，应特别注意电压表的"＋"极接线端钮与电源"＋"极相连接，电压表的"－"极接线端钮与电源"－"极相连接。测量交流电压时，无须注意极性。

1.3.3　绝缘兆欧表

绝缘兆欧表又称摇表，是电工测量中常用的一种测量仪表，主要用来检查电气设备、家用电器或电气线路对地及相间的绝缘电阻，以保证这些设备、电器和线路工作在正常状态，避免发生触电伤亡及设备损坏等事故。其外形如图1.3.10所示。

如果用万用表来测量设备的绝缘电阻，由于其电池电压最高也只有22.5 V，

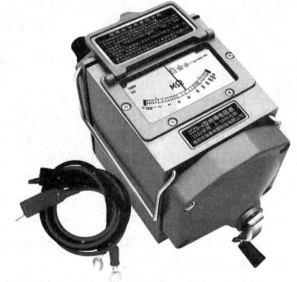

图1.3.10　绝缘兆欧表的外形

那么测得的只是在低电压下的绝缘电阻值，不能真正反映在高电压条件下工作时的绝缘性能。兆欧表多采用手摇直流发电机提供电源，一般有 250 V、500 V、1 000 V、2 500 V 等几种，其中工程中最常用到的有 500 V、1 000 V、2 500 V 三种，也有采用晶体管直流变换器代替手摇发电机提供高压电源的，其测量的单位为 MΩ。

1. 结构与原理

绝缘兆欧表主要由两部分组成：一部分是手摇直流发电机，另一部分是磁电式流比计测量机构及接线柱（L、E、G），如图 1.3.11 所示。手摇发电机有离心式调速装置，摇动发电机时使发电机能以恒定的速度转动，保持输出稳定。

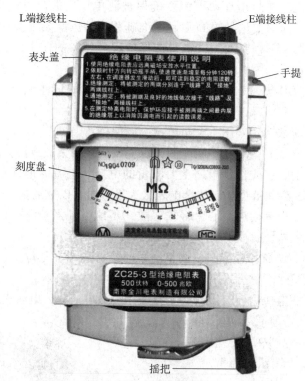

兆欧表结构

图 1.3.11　兆欧表的结构

2. 使用方法

（1）兆欧表应按被测电气设备或线路的电压等级选用，一般额定电压在 500 V 以下的设备可选用 500 V 或 1 000 V 的兆欧表，若选用过高电压的兆欧表可能会损坏被测设备的绝缘。高压设备或线路应选用 2 500 V 的兆欧表，特殊要求的选用 5 000 V 兆欧表。

（2）在进行测量前要先切断电源，严禁带电测量设备的绝缘电阻。要将设备引出线对地短路放电（对容性设备更应充分放电），并将被测设备表面擦拭干净，以保障人身安全。测量完毕也应将设备充分放电，放电前切勿用手触及测量部分和兆欧表的接线柱。

（3）兆欧表的引线必须使用绝缘良好的单根多股软线，两根引线不能绞缠，应分开单独连接，以免影响测量结果。

（4）测试前先将兆欧表进行开路试验和短路试验，检查兆欧表是否性能良好。若将两连接线柱（L、E）开路，摇动摇把，指针应指在"∞"处。将两连接线柱（L、E）短接，缓慢摇动摇把，指针应指在"0"处，说明兆欧表是良好的，否则兆欧表有故障，应检修后再用。

（5）接线时，"接地（E）"接线柱应接在电气设备外壳或地线上，"线路（L）"接线柱接在被测电机绕组或导体上。若测电缆的绝缘电阻时，还应将"屏蔽（G）"接线柱接到电缆的绝缘层上，以消除绝缘物表面的泄漏电流对所测绝缘电阻值的影响。

（6）测量时，兆欧表应放置平稳，避免表身晃动，摇动摇把转速由慢渐快，使转速约保持在 120 r/min，至表针摆动到稳定处读出数据，读数的单位为 MΩ。

3. 注意事项

（1）测量前一定要将设备断开电源，对内部有储能元件（电容器）的设备还要进行放电。

（2）读数完毕后，不要立即停止摇动摇把，应逐渐减速使摇把慢慢停转，以便通过被测设备的线路电阻和表内的阻尼将发出的电能消耗掉。

（3）测量电容器的绝缘电阻或内部有电容器的设备时，要注意电容器的耐压必须大于摇表的电压，读数完毕后，应先取下摇表的红色（L）测试线，再停止摇动摇把，防止已充电的电容器将电流反灌输入摇表导致表损坏。测完后的电容器和内部有电容器的设备要用电阻进行放电。

（4）禁止在雷电或邻近有带高压导体设备的环境下使用摇表，只有在不带电又不可能受其他电源感应而带电的场合，才能使用摇表。

1.3.4　钳形电流表

钳形电流表简称"钳表"，它是一种不需要断开线路就可以直接测量交流电流的携带式仪表，如图 1.3.12 所示。有些钳表采用霍尔感应原理，甚至还可以测量直流电流。

1. 工作原理

钳形电流表测电流的工作原理如图 1.3.13 所示，从图可以看出，钳表的工作部分实际

图 1.3.12　钳形电流表

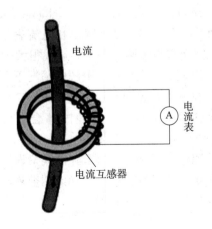

图 1.3.13　钳形电流表测电流的工作原理

上就是由一个开口式电流互感器和一个电流表组成的。当被测电线从电流互感器中穿过时，被测电线电流产生的磁场会在电流互感器上感应出电流，然后通过电流表显示出来。被测电线电流越大，产生的磁场越强，从而在电流互感器上感应出来的电流越大，电流表读数也越大。钳表可以通过转换开关的拨挡，改换不同的量程，但拨挡时不允许带电进行操作。为了使用方便，表内还有不同量程的转换开关供测不同等级电流以及测量电压的功能。钳表一般准确度不高，通常为 2.5～5 级。

2. 使用方法

（1）检查钳表外观是否破损，钳口是否能闭合紧密（如果外观破损，严禁使用）。

（2）根据被测电线电流大小来选择合适量程（如果不知道电流大小，就用最大挡先测一下，然后再换到相应合适挡位）。

（3）打开钳口，将被测导线放入钳口中央（注意，导线不需要剥皮），然后松开手指，让钳表自动闭合。

（4）读数，读取显示区域显示的电流值。

（5）读数完毕，打开钳口拿出被测导线，并把挡位置于关闭状态。

需要注意的是：用钳形电流表检测电流时，一定要夹入一根被测导线（电线），夹入两根（平行线）则不能检测电流。另外，使用钳形电流表中心检测时，检测误差小。在检查家电产品的耗电量时，使用线路分离器比较方便，有的线路分离器可将检测电流放大 10 倍，因此 1 A 以下的电流可放大后再检测。用直流钳形电流表检测直流电流（DCA）时，如果电流的流向相反，则显示出负数，可使用该功能检测汽车的蓄电池是充电状态还是放电状态。

3. 使用注意事项

（1）测电流时，每次只测一根导线或者同一相的电流。如果一次测两根导线，那么测出来的结果是两根导线的电流之和（注意：电流不仅有大小还有方向，如果电流方向相反，那么总电流为两个电流数值相减）。例如：当同时测灯泡的零线和火线时，由于零火线电流大小相等、方向相反，产生的磁场完全抵消，所以测出来的结果应该为零，如图 1.3.14 所示。如果测出来的结果不为零，那么说明灯泡的零线和火线的电流大小不相等，说明灯泡的零线或者火线有电流流向其他地方。

（2）钳表在使用的过程中，钳口必须保持干净、闭合紧密。从上面的原理图可以看出，钳表是由一个开口式电流互感器和电流表组成的，当钳口不干净或其他原因造成钳口闭合不紧密，就会有很多漏磁，从而造成很大的测量误差。

（3）钳表可以在不断开电源的情况下测量电流，但是换挡必须把导线从钳口里拿出来。由于钳表的电流互感器在运行过程中二次线路不允许开路，否则会产生很高的电压，所以在带电的情况下换挡，钳表内部会产生甚至几千伏的电压，严重威胁到仪表和人身安全。

（4）测量小电流时，为了降低测量误差、提高精确度，可以将被测导线绕几圈，如图 1.3.15 所示。然后将测量数值除以圈数就可以得到实际电流值。注意：圈数要以钳口中央的圈数为准。

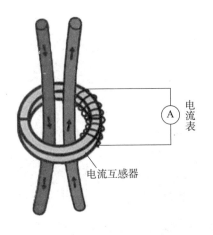

图 1.3.14 钳表测零火线

图 1.3.15 被测导线绕 3 圈

1.3.5 直流稳压电源

目前电子设备的应用越来越多，无论是在工业现场还是在日常生活中到处都可以见到。而电子设备很多时候都需要稳恒直流电源供电。虽然有些也使用电池这样的稳恒直流电源供电，但更多的是采用将工频低压交流电变换成稳恒直流电的装置，即直流稳压电源。直流稳压电源是指能为负载提供稳定直流电源的电子装置。直流稳压电源的供电电源大都是交流电源，当交流供电电源的电压或负载电阻变化时，电源的直流输出电压都会保持稳定。

直流稳压电源的基本功能主要有以下几点：

（1）输出电压值能够在额定输出电压值以下任意设定和正常工作。

（2）输出电流的稳流值能在额定输出电流值以下任意设定和正常工作。

（3）直流稳压电源的稳压与稳流状态能够自动转换并有相应的状态指示。

（4）对于输出的电压值和电流值可以精确的显示和识别。

（5）有完善的保护电路。直流稳压电源在输出端发生短路及异常工作状态时不应损坏，在异常情况消除后能立即正常工作。

1. 特性指标

1）输出电压范围

符合直流稳压电源工作条件情况下，能够正常工作的输出电压范围。该指标的上限是由最大输入－输出电压差和最小输入－输出电压差所规定，而其下限由直流稳压电源内部的基准电压值决定。

2）最大输入－输出电压差

该指标表征在保证直流稳压电源正常工作条件下，所允许的最大输入/输出之间的电压差值，其值主要取决于直流稳压电源内部调整晶体管的耐压指标。

3）最小输入－输出电压差

该指标表征在保证直流稳压电源正常工作条件下，所需的最小输入/输出之间的电压差值。

4）输出负载电流范围

输出负载电流范围又称为输出电流范围，在这一电流范围内，直流稳压电源应能保证符合指标规范所给出的指标。

2. 功能组成

以 GPE4323C 型四路输出稳压电源为例，其前面板如图 1.3.16 所示。

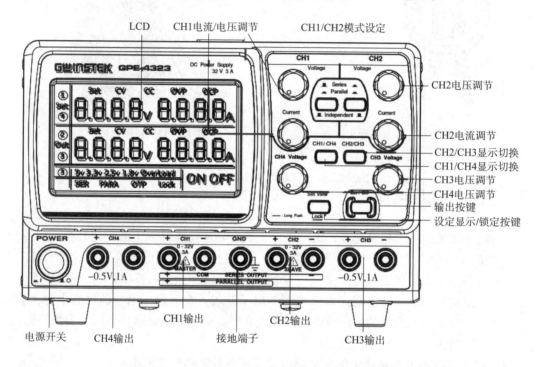

图 1.3.16　GPE4323C 型四路输出稳压电源的前面板

GPE4323C 型稳压电源特点如下：

（1）有四组独立输出，四组均可调电压值，根据需要可使用在输出电压或电流可调的逻辑电路场所或对跟踪模式有需要的场所。

（2）有三种输出模式：独立模式、串联模式和并联模式，通过操作前面板上的跟踪开关来选择。在独立模式下，输出电压和电流各自单独控制。在跟踪模式下，CH1 与 CH2 的输出自动连接成串联或并联，以 CH1 为主控，CH2 为跟随，外部不需要做串/并连接。在串联模式下，输出电压是 CH1 的 2 倍；在并联模式下，输出电流是 CH1 的 2 倍。

（3）绝缘度：输出端子与底座之间或输出端子与输出端子之间为 500 V。

（4）每组输出通道都可工作在恒压源或恒流源模式下。在最大输出电流下，可提供一完全电流额定值、输出电压连续可调的电源。针对大负载，电源可以工作在恒压源模式；而针对小负载可以工作在恒流源模式。当在恒压源模式下（独立或跟踪模式），输出电流（过载或短路）可通过前面板控制。当在恒流源模式下（仅独立模式），最大输出电压（最高限值）可通过前面板控制。当电源输出电流达到目标值时，将自动由恒压源转变为恒流源操作，而当输出电压达到目标值时，电源将自动由恒流源转变为恒压源。

3. 使用方法

以 GPE4323C 型四路输出稳压电源为例介绍直流稳压电源的使用方法。

（1）电源连接。将稳压电源连接上市电。

（2）开启电源。在不接负载的情况下，按下电源总开关，然后开启电源直流输出开关，使电源正常输出工作（一些简单的可调稳压电源只有总电源开关，没有独立的直流输出开关）。此时，电源数字指示即显示出当前工作电压和输出电流。

（3）设置输出电压。通过调节电压设定旋钮，使数字电压表显示出目标电压，完成电压设定。对于有可调限流功能的电源，有两套调节系统分别调节电压和电流。调节时要分清楚，一般调节电压的电位器有"VOLTAGE"字样，调节电流的电位器有"CURRENT"字样。很多入门级产品使用低成本的粗调/细调双旋钮设定，遇到双调节旋钮，先将细调旋钮旋到中间位置，然后通过粗调旋钮设定大致电压，再用细调旋钮精确修正。

（4）设置电流。调节电流旋钮，使电流数值达到预定水平。一般限流可设定在常用最高电流的 120%。有的电源没有限流专用调节键，用户需要按照说明书要求短路输出端，然后根据短路电流配合限流旋钮设定限流水平。简易型的可调稳压电源没有电流设定功能，也没有对应的旋钮。

电压和电流均设置好之后，就可以将电源的两个端子与对应的电路进行连接，完成电路的工作。

4. 注意事项

一般直流稳压电源在使用过程中，需要注意以下几点：

（1）调节电压时，根据所需要的电压，先调整"粗调"旋钮，再逐渐调整"细调"旋钮，要做到正确配合。例如需要输出 12 V 电压时，需将"粗调"旋钮调在 15 V 挡，再调整"细调"旋钮调置 12 V，而"粗调"旋钮不应置在 10 V 挡，否则，最大输出电压达不到 12 V。

（2）调整到所需要的电压后，再接入负载。

（3）在使用过程中，如果需要变换"粗调"挡时，应先断开负载，待输出电压调到所需要的值后，再接入负载。

（4）在使用过程中，因负载短路或过载引起保护时，应首先断开负载，然后按动"复原"按钮，也可重新开启电源，电压即可恢复正常工作，待排除故障后再接入负载。

（5）将额定电流不同的各路电源串联使用时，输出电流为其中额定值最小的一路的额定电流值。

（6）每路电源有一个显示区，在 A/V 不同状态时，分别指示本路的输出电流或者输出电压，通常放在电压指示状态。

（7）每路都有红、黑两个输出端子，红端子表示"+"，黑端子表示"−"，面板中间带有接"大地"符号的黑端子，表示该端子接机壳，与每一路输出没有电气联系，仅作为安全线使用。

⊚ 技能训练

1. 任务要求与步骤

（1）练习使用数字万用表测量各种元器件参数并进行记录。

（2）对照图 1.3.17 所示连接单相电动机，并用钳表测量电动机电流。

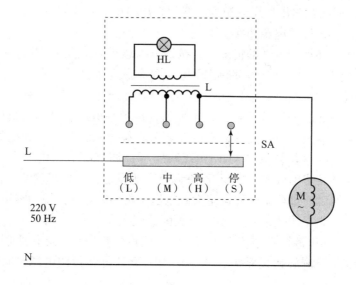

图 1.3.17 连接单相电动机

（3）用兆欧表（摇表）测量电动机定子绕组对外壳的绝缘电阻，检查是否漏电。

（4）连接简单的直流电路（如叠加定理验证实验电路），运用直流稳压电源作为供电电源，直流电压表、电流表测量相应的电压、电流并进行记录和数据分析。

2. 主要设备器件

（1）实训工作台（含三相电源、端子排、元器件等）。

（2）导线若干。

（3）数字万用表、钳形电流表、绝缘兆欧表（摇表）、单相电动机。

（4）待测量电工电子元器件。

（5）常用电工工具。

（6）直流稳压电源。

3. 注意事项

（1）电路中元器件的额定电压应与电源电压相符。

（2）分清实训台上电源的火线和零线，开关应接在火线上。

（3）通电前，应认真检查电路，防止发生短路。

（4）测量前，认真检查仪表挡位，防止误操作或超量程损坏仪表。

（5）按规程操作，防止发生触电事故。

4. 任务考核

根据任务要求与步骤，对任务完成情况进行考核，考核及评分标准如表 1.3.1 所示。

表 1.3.1　任务考核评分表

评价类型	占比情况	序号	评价指标	分值	得分		
					自评	互评	教师评价
知识点和技能点	70	1	正确运用数字万用表进行电阻、电容、二极管、三极管、频率等参数的测量	15			
		2	熟练运用数字万用表进行电路的检测和排障	3			
		3	运用钳形电流表测量单相电动机电流	5			
		4	用绝缘兆欧表（摇表）测量电动机定子绕组对外壳的绝缘电阻	5			
		5	借助实训台连接简单的直流电路，并运用电压表、电流表进行电压、电流参数的测量	30			
		6	运用数字万用表进行以上直流电路中电压、电流参数的测量	5			
		7	直流稳压电源的使用	7			
职业素养	20	1	按时出勤，遵守纪律	3			
		2	具备安全用电常识	4			
		3	操作规范	6			
		4	工具整理、正确摆放	4			
		5	团结协作、互助友善	3			
劳动素养	10	1	按时完成	3			
		2	保持工位卫生、整洁、有序	4			
		3	小组任务明确、分工合理	3			

5. 总结反思

总结反思如表 1.3.2 所示。

表 1.3.2　总结反思

总结反思	
目标达成度：知识 ◎◎◎◎　　　能力 ◎◎◎◎　　　素养 ◎◎◎◎	
学习收获：	教师寄语：
问题反思：	签字：＿＿＿＿＿＿＿＿＿

6. 练习拓展

（1）如何检测绝缘兆欧表是否有故障？

（2）用摇表测量完读数后为什么不能立即停止摇动摇把？

（3）用数字万用表测量线路中的电流时，如果并接在负载两端，会发生什么现象？

（4）用摇表测量电动机定子绕组对外壳的绝缘电阻接近零，说明了什么？

（5）查阅并整理关于单相电动机的资料。

项目二

电工操作基本技能

项目概述

本项目主要介绍电工从业人员需要具备的基本电工技能。通过学习元器件的基本知识和测量方法，可以进行元器件的选用和检测；掌握低压电器的特点、功能和连接方式，为实际电路的设计、装接和排障提供一定的基础前提；掌握电烙铁的使用，结合元器件的基本知识，可以进行简单电子电路的设计、焊接和分析。

项目目标

掌握各种元器件的基本知识。

掌握各种元器件的识别和测量方法。

了解低压电器的特点、功能。

掌握低压电器的连接方式和使用方法。

掌握电烙铁的正确使用方法。

掌握简单电子电路的设计、焊接、检查、排障的方法。

培养创新意识和创新能力。

培养合作意识和团队精神。

培养严谨的、精益求精的、踏踏实实的工作作风和态度。

任务 2.1 识别和测量常用的电工电子元器件

任务描述

通过本任务的学习，了解电阻、电感、电容、二极管、晶体管等常见电工电子元器件的结构参数等基本知识，理解各元器件的特性，通过对元器件参数的了解，学习元器件的识别和测量方法，为后续电路的设计及焊接奠定一定的基础。

任务目标

了解常见电工电子元器件的基本知识。
明确各种元器件的特性。
可以进行元器件参数的识别。
具备对元器件参数及特性测试的能力。
培养知识信息整理和归纳能力。
培养规范操作的意识。

知识储备

2.1.1 电阻元件

电阻器即电阻，是表示导体对电流阻碍作用大小的参数。通常"电阻"有两重含义，一种是物理学上的"电阻"这个物理量，另一个指的是电阻这种电子元件。电阻的大小与导体的电阻率、长度和横截面积有关。由于电阻接在电路中会消耗一定的能量，所以电阻是一种耗能元件。电阻的符号是 R，单位是欧姆（Ω），此外，还有千欧（$k\Omega$）、兆欧（$M\Omega$）等单位，它们之间的换算关系为

$$1\ k\Omega = 10^3\ \Omega \quad 1\ M\Omega = 10^6\ \Omega$$

1. 电阻的分类

电阻按伏安特性分类分为线性电阻和非线性电阻。在温度一定的情况下，电阻值基本维持在一恒定值、伏安特性基本为一条直线的称为线性电阻；电阻值随电阻的电压或电流变化而发生变化、伏安特性为一条曲线的称为非线性电阻，如图 2.1.1 所示。

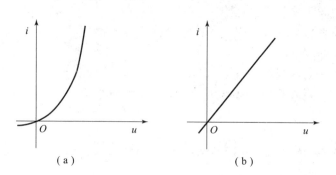

电阻元件

图 2.1.1 电阻的伏安特性曲线
（a）非线性电阻；（b）线性电阻

电阻按材料分类分为线绕电阻器、碳合成电阻器、碳膜电阻器、金属膜电阻器和金属氧化膜电阻器等。图 2.1.2 所示为几种常见电阻的实物图。

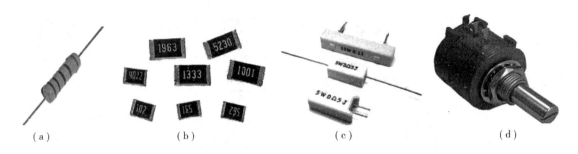

（a）　　　　　　　　　　（b）　　　　　　　　　（c）　　　　　　　　　（d）

图 2.1.2　几种常见电阻的实物图

2. 电阻的标称阻值及标注方法

1）标称阻值

为了使生产者和使用者生产和使用电阻符合标准化的要求，国家按照一定标准制定了一系列的电阻阻值，称为电阻的标称阻值。生产者需要按照国家规定的标称阻值系列生产电阻，使用者需要按照国家规定标称阻值系列选用电阻，如表 2.1.1 和表 2.1.2 所示。

表 2.1.1　常用电阻器的标称阻值

允许误差	系列代号	系列值
±5%	E24	1.0　1.1　1.2　1.3　1.5　1.6　1.8　2.0　2.2　2.4　2.7　3.0 3.3　3.6　3.9　4.3　4.7　5.1　5.6　6.2　6.8　7.5　8.2　9.1
±10%	E12	1.0　1.2　1.5　1.8　2.2　2.7　3.3　3.9　4.7　5.6　6.8　8.2
±20%	E6	1.0　1.5　2.2　3.3　4.7　6.8

表 2.1.2　常用电阻器的误差等级

允许误差	±0.5%	±1%	±5%	±10%	±20%
等级	0.05	0.01	I	II	III

2）电阻的标注方法

常见的电阻标注方法有以下 3 种：直接标注法、文字符号法和色环标注法。

（1）直接标注法。

将电阻的阻值及误差范围直接用数字印在电阻上，对小于 1 000 Ω 的阻值只标数字不标单位，对 kΩ、MΩ 可以只标注 K、M，精度等级只标 I 级和 II 级，对 III 级不标明。

（2）文字符号法。

用文字和数字按照一定规律组合标注电阻的阻值与误差。各符号表示的意义如下：

R（Ω）、K（千欧 10^3）、M（兆欧 10^6）、G（吉欧 10^9）、T（太欧 10^{12}）。

例如：

5Ω1 表示 5.1 Ω；3R3 表示 3.3 Ω；R33 表示 0.33 Ω。

阻值允许误差与字母对照表如表 2.1.3 所示。

表 2.1.3　阻值允许误差与字母对照表

字母	允许误差	字母	允许误差
W	±0.05%	G	±2%
B	±0.1%	J	±5%
C	±0.25%	K	±10%
D	±0.5%	M	±20%
F	±1%	N	±30%

例如：2R2K 表示 2.2 Ω，允许误差 ±10%；

6K8M 表示 6.8 kΩ，允许误差 ±20%。

（3）色环标注法。

对于体积较小的一些电阻器，其阻值和误差常以色环进行标注。各种颜色所代表的数值大小如表 2.1.4 所示。

表 2.1.4　各种颜色所代表的数值大小

色环	棕	红	橙	黄	绿	蓝	紫	灰	白	黑	金	银	本色
对应数值和误差	1	2	3	4	5	6	7	8	9	0	±5%	±10%	±20%

允许误差：金色—5%；银色—10%；本色—20%；棕色—1%。

2.1.2　电容元件

1. 电容元件基本知识

电容元件是一种理想的电路元件，也是一个二端元件。它是由两块互相靠近又彼此绝缘的金属片组成的，电容器习惯上简称电容。当在电容的两极板上加上电压后，极板上就会积聚等量的正负电荷，在两个极板之间就会产生电场。积聚的电荷越多，所形成的电场就越强，电容元件所储存的电场能也就越大，由于电容在电路里可以储存电场能，所以属于储能元件。

电容有线性电容和非线性电容两种，对于线性电容，其特性曲线是通过坐标原点的一条直线。若给电容正负极板间加一电压 U，则电容的容量 C 与它储存的电荷量 Q 之间的关系为

$$C = Q/U$$

电容的基本单位是法拉（F），此外还有毫法（mF）、微法（μF）、纳法（nF）、皮法（pF），各单位的换算方法为

$$1 \text{ F} = 10^3 \text{ mF} = 10^6 \text{ μF} = 10^9 \text{ nF} = 10^{12} \text{ pF}$$

当电容两端的电压、电流为关联参考方向时，有

$$i = \frac{\mathrm{d}q}{\mathrm{d}t}$$

把 $q = Cu$ 代入上式，得

电容元件

$$i = C\frac{\mathrm{d}u}{\mathrm{d}t}$$

从上式可以看出，当电容一定时，电流与电容两端电压的变化率成正比，当电压为直流电压时，电路相当于开路。

电容元件在某时刻储存的电场能量与电容 C 及该时刻的电压有关，对应的关系表达式为

$$W_C = \frac{1}{2}Cu^2$$

从表达式可以看出，当电容为线性电容（即容量 C 为常数）时，电容储存的能量随两端的电压增加而增加。

2. 电容的标注方法

1）直标法

直标法是将电容器的主要参数（标称电容量、额定电压及允许误差）直接标注在电容器上，一般用于电解电容器或体积较大的无极性电容器，单位为微法（μF），该方法与电阻的标注方法相似。但有些电容用"R"表示小数点，如 R56 表示 0.56 μF。

2）文字符号法

用数字和文字符号有规律的组合来表示容量，如 p10 表示 0.1 pF、1p0 表示 1 pF、6p8 表示 6.8 pF。

3）色标法

色标法是用在电容器上标注色环或色点的方法来表示电容量及允许误差的方法，电容器的色标法与电阻相同。

4）数学计数法

数学计数法一般是三位数字，第一位和第二位数字为有效数字，第三位数字为倍数（即表示有效值后有多少个 0），使用该方法得到的电容量单位为 pF，如 102 表示 10×10^2 pF = 1 000 pF、104 表示 10×10^4 pF = 0.1 μF、105 表示 10×10^5 pF = 1 μF。

3. 电容的参数

1）标称电容量

电容的标称电容量是衡量电容器储存电荷能力的参数，即标志在电容器上的电容量。电容器必须在外加电压的作用下才能储存电荷。不同的电容器在相同电压作用下储存的电荷量一般是不相同的。国际上统一规定，给电容器外加 1 V 直流电压时，它所能储存的电荷量为该电容器的电容量（即单位电压下的电量）。

电容器实际电容量与标称电容量是有偏差的，且精度等级与允许误差存在一定的对应关系。一般电容器常用Ⅰ、Ⅱ、Ⅲ级，电解电容器用Ⅳ、Ⅴ、Ⅵ级表示容量精度，根据具体用途选取。电解电容器的容值取决于在交流电压下工作时所呈现的阻抗，随着工作频率、温度、电压以及测量方法的变化，容值会随之变化。

2）额定电压

额定电压为在最低环境温度和额定环境温度下可连续加在电容器两端的最高直流电压。如果工作电压超过电容器的耐压，电容器将被击穿，造成损坏。在实际中，随着温度的升高，耐压值将会变低。

3）绝缘电阻

直流电压加在电容上，产生漏电电流，两者之比称为绝缘电阻。当电容较小时，其值主要取决于电容的表面状态；容量大于 0.1 μF 时，其值主要取决于介质。通常情况，绝缘电阻越大越好。

4）损耗

电容在电场作用下，在单位时间内因发热所消耗的能量称为损耗。损耗与频率范围、介质、电导、电容金属部分的电阻等有关。

5）频率特性

随着频率的上升，一般电容器的电容量呈现下降的规律。当电容工作在谐振频率以下时，表现为容性；当超过其谐振频率时，表现为感性，此时就不是一个电容而是一个电感了，所以一定要避免电容工作于谐振频率以上。

2.1.3　电感元件

1. 电感元件基本知识

电感元件是一种储能元件，电感元件的原始模型为导线绕制成圆柱线圈，当线圈中通以电流，在线圈中就会产生磁通量 Φ，并储存能量。表征电感元件（简称电感）产生磁通，存储磁场的能力的参数，也叫电感，用 L 表示。通常"电感"有两重含义，一种是物理学上的"电感"这个物理量，另一个指的是电感器这种电工元件。电感单位有 H（读亨利或亨）、mH（毫亨）及 μH（微亨），具体的换算关系为

$$1\ \mathrm{H} = 10^3\,\mathrm{mH} \quad 1\ \mathrm{mH} = 10^3\,\mu\mathrm{H}$$

电感器通常分为两类：一类是应用自感作用的电感线圈；另一类是应用互感作用的变压器。

如图 2.1.3 所示的线圈有 N 匝，当线圈通以电流 i 时，在线圈内部将产生磁通 Φ，若磁通 Φ 与 N 匝线圈都交链，则磁链为

$$\psi = N\Phi$$

式中，磁链与磁通的单位一致，均为韦伯（Wb）。

如果线圈周围的介质是非铁磁物质，磁链与线圈中的电流成正比，比例系数为一常数，用 L 表示，L 称为线圈的自感或电感，这样的电感称为线性电感。

$$L = \frac{\psi}{i}$$

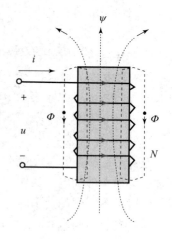

图 2.1.3　电感线圈示意图

在国际单位制中，磁通和磁链的单位都是韦伯［Wb］，电流的单位是安培［A］，电感的单位是亨利［H］。

当电感元件两端的电压和通过的电流在关联参考方向下时，根据楞次定律，有

$$e = -\frac{\mathrm{d}\psi}{\mathrm{d}t}$$

把 $L = \dfrac{\psi}{i}$ 代入上式，得

电感元件

$$e = -L \frac{\mathrm{d}i}{\mathrm{d}t}$$

线圈两端的电压 $u = -e$，则

$$u = L \frac{\mathrm{d}i}{\mathrm{d}t}$$

从上式可以看出，任何时刻，线性电感元件的电压与该时刻电流的变化率成正比，当电流不随时间变化时（直流电流），电感电压为零，故在直流电路中，电感元件两端的电压为零，相当于短路。

电感元件在某时刻储存的磁场能量表达式为

$$W_L = \frac{1}{2} L i^2$$

电感元件是一种储能元件，当线圈中通入电流时，线圈内及其周围都会产生磁场，并储存磁场能量。

2. 电感的参数及标注方法

1）电感量 L 和误差

线圈的电感量 L 也叫自感系数或自感，是表示线圈产生自感应能力的一个物理量。电感量有标称值，电感量的误差是指线圈的实际电感量与标称值间的差异，对振荡线圈要求较高，允许误差为 0.2% ~ 0.5%；对耦合阻流线圈要求较低，允许误差为 10% ~ 15%。

2）品质因数 Q

一个理想电感元件的敏感度不因流经线圈电流的大小改变而改变，但由于实际环境下，线圈内的金属线会使电感元件带有绕组电阻，呈现一定的电阻性。由于绕组电阻是以串联着电感元件的电阻形式出现，所以亦被称为串联电阻。由于串联电阻的存在，实际电感元件的特性会不同于理想电感，可以用品质因数表示电感和电阻的比例。电感器的品质因数 Q 是线圈质量的重要参数。它表示在某一工作频率下，线圈的感抗对其等效直流电阻的比值，Q 值越高线圈的损耗越小。品质因数越高，电感元件的表现越相似理想电感元件的表现。因此，品质因数也可用来度量电感元件的有效程度。

$$Q = \omega L / R$$

式中，ω 表示交流电的角频率。

3）电感线圈的标注方法

（1）色标法。

颜色值与色环电阻标注一致，例如四环标注的电感 L，第 1、2 位为有效数字，第 3 位为倍乘数，第 4 位为误差，按照此规则计算的电感单位为微亨（μH）。

例如蓝、灰、红、银表示 6 800 μH，允许误差为 10%。

（2）直接标注法。

电感量用数字直接标注，用字母表示额定电流，用Ⅰ、Ⅱ、Ⅲ表示允许误差。字母与额定电流的对应关系如表 2.1.5 所示。

表 2.1.5　字母与额定电流的对应关系

字母	A	B	C	D	E
意义	50 mA	150 mA	300 mA	0.7 A	1.6 A

例如：C、Ⅱ、330 μH 表示标称电感量为 330 μH、最大工作电流 300 mA，允许误差为 ±10%。

（3）电感的一般测量。

用万用表检查电感线圈有无断路或短路故障时，方法是用万用表欧姆挡测量线圈的直流电阻，并与正常值进行比较。

若阻值显著增大，则表示电感内部可能断路；

若比正常值小得多，则表示电感内部严重短路；

若线圈局部短路，则须用专门仪器再次进行测试。

2.1.4　半导体二极管

1. 二极管的结构

半导体二极管是由 PN 结加上相应的电极引线和管壳做成的，其结构如图 2.1.4（a）所示。二极管符号如图 2.1.4（b）所示，箭头方向表示正向电流方向。由 P 区引出的电极称为正极（或阳极），由 N 区引出的电极称为负极（或阴极）。

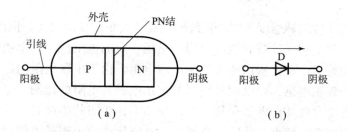

图 2.1.4　二极管
（a）二极管的结构示意图；（b）二极管符号

二极管按结构可分为点接触型和面接触型两种。点接触型二极管是由一根很细的金属触丝和一块 N 型半导体的表面接触在一起构成 PN 结，其 PN 结面积很小，所以不能加大电流和反向电压，但是高频特性好，适用于高频和小功率工作。用于高频电路的检波二极管，一般选用这种类型。面接触型二极管是由合金法或扩散法做成的，其 PN 结面积很大，故可以加较大的电流，但极间电容（即结电容）也较大，所以工作频率较低，一般用来整流。图 2.1.5 所示为两种类型二极管的结构。

2. 伏安特性

二极管内部为一个 PN 结，因此它的特性就是 PN 结的特性，即为单向导电性。二极管的伏安特性是指二极管两端的电压和通过二极管的电流之间的关系，画出图形就是二极管的伏安特性曲线，如图 2.1.6 所示。

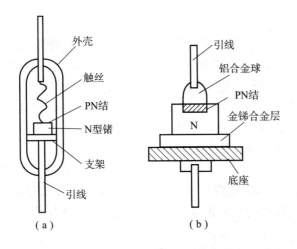

图 2.1.5　两种类型二极管的结构

（a）点接触型；（b）面接触型

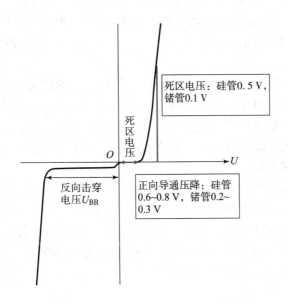

图 2.1.6　二极管的伏安特性曲线

1）正向特性

当外加正向电压（即二极管的阳极接高电位，二极管的阴极接低电位）小于一定数值时，外电场不能抵消内电场对扩散运动的阻力，这时正向电流很小或几乎为零。这个一定数值的电压称为死区电压，死区电压的大小与管子的材料及环境温度有关，当温度升高时，正向特性曲线将向左移动。硅管的死区电压是 0.5 V，锗管的死区电压是 0.2 V。

当正向电压大于死区电压后，电流开始明显增大。二极管这时工作在正向导通区，其正向压降基本为一定值，对于硅管正向压降为 0.7 V，锗管正向压降为 0.2 V。如忽略正向压降，认为二极管的正向压降为零，具有这样特性的二极管称为理想二极管，其在正向导通区的等效模型为一闭合的开关。

2）反向特性

当给二极管加反向电压（即二极管的阳极接低电位，二极管的阴极接高电位），二极管只有很小的反向电流（反向电流基本上维持一定大小，和反向电压的数值没有关系，因此也称其为反向饱和电流），这是由少数载流子的漂移运动形成的，这时候称二极管工作在反向截止区。如忽略反向电流，认为二极管的反向电流为零，具有这样特性的二极管称为理想二极管，其在反向截止区的等效模型相当于打开的开关。二极管的反向电流越小，说明其反向电阻越大，其反向截止性能越好。

3）反向击穿特性

当外加反向电压超出一定范围，反向电流突然增大，二极管这时工作在反向击穿区，发生击穿所需的反向电压称为反向击穿电压。反向击穿分为电击穿（包括齐纳击穿和雪崩击穿）和热击穿。

齐纳击穿：当 PN 结外加反向电压时，价电子会从外电场获得能量，当其具有的能量达到一定大小后就要挣脱原子核的束缚，成为自由电子。也就是当外电场达到一定大小后，在外电场的作用下，把共价键上的电子从共价键上拉出来。当大量的价电子被从共价键上拉出来后，自然使载流子的数量急剧增加，从宏观上表现就是反向电流急剧增大。这种在外电场的作用下把共价键上的电子拉出来而造成反向电流急剧增大的现象称为齐纳击穿。

雪崩击穿：被从共价键上拉出来的电子因其具有很大的能量，所以在电场中具有很高的速度。这些高速运动的电子会撞击其他原子并把其能量传递给被撞击的原子的价电子，结果使得这些价电子也脱离原子核的束缚，成为高速运动的电子，它们又会去撞击其他原子，这样不断进行下去，就像滚雪球一样，自由电子越来越多，这也会使反向电流急剧增大，这种情况称为雪崩击穿。

无论是齐纳击穿还是雪崩击穿，均不能造成二极管的永久损坏，即属于电击穿方式，只要去掉反向电压，二极管仍能恢复正常工作。但是制造二极管的材料总是有一定电阻的，大量高速运动的电子通过二极管，就如同很大的电流通过电阻一样将产生大量的热，这些热量若不能及时散发出去就会造成材料温度升高，最后出现化学变化，也就是热击穿。一旦出现热击穿，就再也不能恢复原来的性能。因而应避免二极管外加的反向电压过高。

3. 主要参数

二极管的特性除了用伏安特性曲线表示外，还可用以下一些数据来说明，即二极管的参数。以下为常见的几个参数：

1）最大整流电流 I_{OM}

I_{OM} 是指二极管长期连续工作时允许通过的最大正向平均电流值，其值与 PN 结面积及外部散热条件等有关。因为电流通过管子时会使管芯发热、温度上升，温度超过容许限度（硅管为 141 ℃左右，锗管为 90 ℃左右）时，就会使管芯过热而损坏。所以在规定散热条件下，二极管使用中不要超过二极管最大整流电流值。例如，常用的 IN4001～IN4007 型锗二极管的额定正向工作电流为 1 A。

2）最高反向电压 U_{RM}

加在二极管两端的反向电压高到一定值时，会将管子击穿，失去单向导电能力。为了保证使用安全，规定了最高反向工作电压值，即保证二极管不被击穿而给出的最高反向工作电压，一般为击穿电压的 1/2~2/3。例如，IN4001 二极管反向耐压为 50 V，IN4007 反向耐压为 1 000 V。

3）最大反向电流 I_{RM}

I_{RM} 是指给二极管加最大反向电压时的反向电流值。反向电流大，说明管子的单向导电性能差，并且受温度的影响大。硅管的反向电流一般在几微安以下，锗管的反向电流较大，为硅管的几十到几百倍。

在使用二极管时，要根据管子的参数去选择，既要使管子能得到充分利用，又要保证管子能够安全工作。此外，还要注意通过较大电流的二极管一般都需要加散热器，散热器的面积必须符合要求，否则也会损坏二极管。

2.1.5　晶体管

晶体管又称三极管，是最重要的一种半导体器件。常见晶体管的外形如图 2.1.7 所示。

图 2.1.7　常见晶体管的外形

1. 晶体管的基本结构

常见晶体管的结构是平面型和合金型，如图 2.1.8 所示，平面型主要是硅管，合金型主要是锗管。

不论是平面型还是合金型，内部都由 NPN 或 PNP 三层半导体材料构成，因此，晶体管又分为 NPN 型和 PNP 型两类。其结构示意图和电路符号如图 2.1.9 所示。

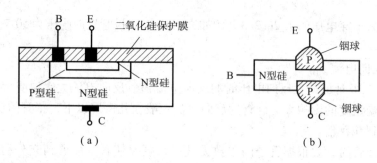

图 2.1.8　晶体管的两种结构

（a）平面型；（b）合金型

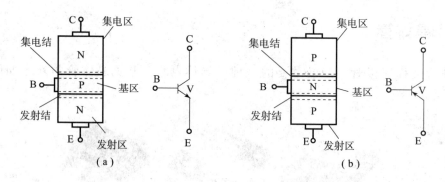

图 2.1.9　晶体管结构示意图及电路符号

（a）NPN 型；（b）PNP 型

　　每种类型的晶体管都是由基区、发射区和集电区组成的，每个区分别引出一个电极，即基极（B）、发射极（E）和集电极（C）。每个管子都有两个 PN 结，发射区和基区之间的 PN 结叫发射结，集电区和基区之间的 PN 结叫集电结。电路符号里的箭头表示发射极电流的方向（PNP 型三极管发射区"发射"的是空穴，其移动方向与电流方向一致，故发射极箭头向里；NPN 型三极管发射区"发射"的是自由电子，其移动方向与电流方向相反，故发射极箭头向外。发射极箭头指向也是 PN 结在正向电压下的导通方向）。为了保证上述两种晶体管具有电流放大作用，它们在制造工艺上有以下特点：（1）基区做得很薄（几微米至几十微米），掺杂浓度很低，故基区载流子浓度很低。（2）发射区掺杂浓度非常高，一般比基区的掺杂浓度高几百倍。（3）集电区面积相对较大，掺杂浓度较低，故晶体管集电区和发射区不能互换使用。

2. 电流分配和电流放大作用

　　为了了解晶体管的电流分配和电流放大作用，进行了下面的实验，实验电路如图 2.1.10 所示。基极电源 E_B、基极电阻 R_B、基极 B 和发射极 E 组成输入回路，集电极电源 E_C、集电极电阻 R_C、集电极 C 和发射极 E 组成输出回路。发射极是输入回路和输出回路的公共电极，所以这种电路称为共发射极电路。

　　电路中，$E_C > E_B$，这样保证了发射结加的为正向电压（正向偏置），集电极加的为反向电压（反向偏置），这是晶体管实现电流放大作用的外部条件。调整电阻 R_B，得到了如表 2.1.6 所示实验数据。

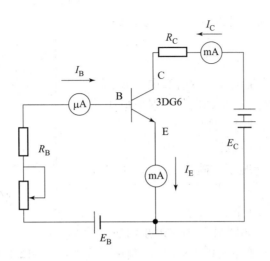

图 2.1.10 实验电路

表 2.1.6 实验数据

I_B/mA	0	0.02	0.04	0.06	0.08	0.1
I_C/mA	≈0.001	1.02	2.52	4.03	5.54	7.06
I_E/mA	≈0.001	1.04	2.56	4.09	5.62	7.16
I_C/I_B		51	63	67	69	71
$\Delta I_C/\Delta I_B$		75		76		76	76

分析表 2.1.6 数据,得到了如下结论:

(1) $I_E = I_C + I_B$,满足 KCL 定律。

(2) I_C 和 I_E 比 I_B 大得多。

(3) I_B 很小的变化可以引起 I_C 很大的变化,即基极电流对集电极电流具有小量控制大量的作用,这就是晶体管电流放大作用的实质。

下面用晶体管内部载流子的运动规律来解释上述结论:首先,电源作用于发射结上使得发射结正向偏置,发射区的自由电子不断地流向基区,形成发射极电流;其次,自由电子由发射区流向基区后,首先聚集在发射结附近,但随着此处自由电子的增多,在基区内部形成了电子浓度差,使得自由电子在基区中由发射结逐渐流向集电结,形成集电极电流;最后,由于集电结处存在较大的反向电压,阻止了集电区的自由电子向基区进行扩散,并将聚集在集电结附近的自由电子吸引至集电区,形成集电极电流。

综上所述,可归纳为以下两点:

(1) 晶体管在发射结正偏、集电结反偏的条件下具有电流放大作用。

(2) 晶体管的电流放大作用,其实质是基极电流对集电极电流的控制作用。习惯上称晶体管为放大元件,但严格上讲,它只是一种控制元件,因为它并不能放大能量,只是用一个小的能量来控制电源向负载提供更大的能量。

3. 特性曲线

晶体管的伏安特性曲线反映了各电极的电流和电压之间的关系,实际上是其内部特性的外部表现，它反映出晶体管的性能，是分析放大电路的重要依据。

1）输入特性曲线

输入特性曲线是指当集电极－发射极电压 u_{CE} 为常数时，输入电路中基极电流 i_B 与基极－发射极电压 u_{BE} 之间的关系曲线（图 2.1.11），即

$$i_B = f(u_{BE})\big|_{u_{CE}=常数}$$

晶体管在正常工作情况下，硅管的 $U_{BE} = 0.7$ V，锗管的 $U_{BE} = 0.3$ V。

输入特性曲线的特点如下：

（1）当 $U_{CE} = 0$ V 时，相当于发射结的正向伏安特性曲线，这个时候，只需要加入 0.7 V 的 U_{BE} 就能导通了，相当于一个二极管的导通 $U_{BE} = 0.7$ V。

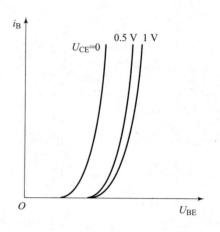

图 2.1.11 输入特性曲线

（2）当 $U_{CE} = 0.5$ V，这个时候，电子进入基区后，要选择 V_{EC} 还是 V_{EB} 的正极去，由于 $V_{EC} = 0.5$ V，$V_{EB} = 0.7$ V，V_{EB} 的吸引作用更强，但是 V_{CC} 仍然分流了一部分电子，内在表现等效为 PN 结的内阻增大，PN 结变厚，扩散作用受到阻碍，于是就必须增大 U_{BE} 把被 V_{EC} 抢去的电子抢回来。

（3）当 $U_{CE} = 1$ V，如果还是保持 $U_{BE} = V_{EB} = 0.7$ V，那么 $U_{CB} = U_{CE} - U_{BE} > 0$，集电结已进入反偏状态，开始大量收集电子，必须要增大 U_{BE}，把被 V_{EC} 抢去的电子抢回来，表现为大量的电子经过 R_C 流向 V_{EC}，这个过程称为复合过程。

2）输出特性曲线

输出特性曲线是指当基极电流为常数时，集电极电流与集电极－发射极电压之间的关系曲线，即

$$i_C = f(u_{CE})\big|_{i_B=常数}$$

给定一个基极电流，就对应一条特性曲线，所以输出曲线是个曲线族，如图 2.1.12 所示。从曲线可以看出，输出特性大致分三个区域。

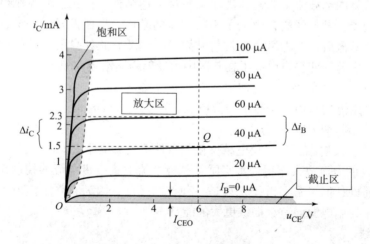

图 2.1.12 输出特性曲线

（1）截止区。

当 $U_{BE} < 0$ 时，则 $I_B \approx 0$，发射区没有电子注入基区，但由于分子的热运动，集电极仍有小量电流通过，即 $I_C = I_{CEO}$ 称为穿透电流，常温时 I_{CEO} 约为几微安，锗管约为几十微安至几百微安，它与集电极反向电流 I_{CBO} 的关系为 $I_{CEO} = (1 + \beta) I_{CBO}$。

（2）放大区。

当晶体管发射结处于正偏而集电结处于反偏工作时，I_C 随 I_B 近似做线性变化，放大区是三极管工作在放大状态的区域。对于 NPN 型管而言，应使 $U_{BE} > 0$，$U_{BC} < 0$。

（3）饱和区。

对于 NPN 型管而言，当 $U_{BE} > 0$，$U_{BC} > 0$ 时，发射结和集电结均处于正偏状态，I_C 基本上不随 I_B 而变化，失去了放大功能。

从上面输出特性曲线各个区域 PN 结的特点可知：根据三极管发射结和集电结偏置情况，可以判别其工作状态。

4. 主要参数

1）共发射极电流放大系数

（1）直流电流放大系数 $\bar{\beta}$。

没有交流信号输入时，集电极输出的直流电流与基极输入的直流电流的比值，即

$$\bar{\beta} = I_C / I_B$$

（2）交流电流放大系数 β。

在动态时，集电极输出电流的变化量 ΔI_C 与基极输入电流的变化量 ΔI_B 之比，即

$$\beta = \Delta I_C / \Delta I_B$$

可见，上面两个值的含义是不同的，但是两者数值较为接近，在以后的分析中，认为两个值就是一个值。一般晶体管的 β 为 10～200，如果 β 太小，电流放大作用差，如果 β 太大，电流放大作用虽然大，但性能往往不稳定。

2）极间反向电流

（1）集电极－基极反向饱和电流 I_{CBO}。

发射极开路（$I_E = 0$）时，基极和集电极之间加上规定的反向电压 U_{CB} 时的集电极反向电流，它只与温度有关，在一定温度下是个常数，所以称为集电极－基极的反向饱和电流。良好的晶体管，I_{CBO} 很小，小功率锗管的 I_{CBO} 为 1～10 μA，大功率锗管的 I_{CBO} 可达数毫安，而硅管的 I_{CBO} 则非常小，是毫微安级。

（2）集电极－发射极反向电流 I_{CEO}（穿透电流）。

基极开路（$I_B = 0$）时，集电极和发射极之间加上规定反向电压 U_{CE} 时的集电极电流。I_{CEO} 大约是 I_{CBO} 的 β 倍，即 $I_{CEO} = (1 + \beta) I_{CBO}$。$I_{CBO}$ 和 I_{CEO} 受温度影响极大，它们是衡量管子热稳定性的重要参数，其值越小，性能越稳定，小功率锗管的 I_{CEO} 比硅管大。

（3）发射极－基极反向电流 I_{EBO}。

集电极开路时，在发射极与基极之间加上规定的反向电压时发射极的电流，它实际上是发射结的反向饱和电流。

3）极限参数

（1）集电极最大允许电流 I_{CM}。

当集电极电流 I_C 增加到某一数值，引起 β 值下降到额定值的 2/3 时，这时的 I_C 值称

为 I_{CM}。所以当 I_C 超过 I_{CM} 时，虽然不致使管子损坏，但 β 值显著下降，影响放大质量。

（2）集电极 – 基极反向击穿电压 $U_{(BR)CBO}$。

当发射极开路时，集电极 – 基极间允许加的最高反向电压，一般在几十伏以上。

（3）集电极 – 发射极间反向击穿电压 $U_{(BR)CEO}$。

当基极开路时，集电极 – 发射极间允许加的最高反向电压，通常比 $U_{(BR)CBO}$ 小一些。

（4）发射极 – 基极间反向击穿电压 $U_{(BR)EBO}$。

当集电极开路时，发射极 – 基极间允许加的最高反向电压，一般为 5 V 左右。

（5）集电极最大允许耗散功率 P_{CM}。

晶体管参数变化不超过规定允许值时的最大集电极耗散功率。耗散功率与晶体管的最高允许结温和集电极最大电流有密切关系。硅管的结温允许值大约为 150 ℃，锗管的结温允许值为 85 ℃ 左右。要保证管子结温不超过允许值，就必须将产生的热散发出去。晶体管在使用时，其实际功耗不允许超过 P_{CM} 值，否则会造成晶体管因过载而损坏。通常将耗散功率 $P_{CM} < 1$ W 的晶体管称为小功率晶体管，$1 \text{ W} \leqslant P_{CM} < 5$ W 的晶体管被称为中功率晶体管，将 $P_{CM} \geqslant 5$ W 的晶体管称为大功率晶体管。

根据管子的 P_{CM} 值，由 $P_{CM} = U_{CE} I_C$ 可在晶体管的输出特性曲线上作出 P_{CM} 曲线，由 P_{CM}、I_{CM}、$U_{(BR)CEO}$ 三者共同确定晶体管的安全工作区，如图 2.1.13 所示。

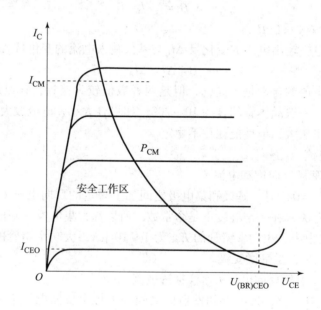

图 2.1.13　安全工作区

2.1.6　集成电路

1. 集成电路简介

集成电路（Integrated Circuit，简称 IC）是一种微型电子器件或部件。采用一定的工艺，把一个电路中所需的晶体管、电阻、电容和电感等元件及布线互连一起，制作在一小块或几小块半导体晶片或介质基片上，然后封装在一个管壳内，成为具有特定电路功能的微型结构。其中所有元件在结构上已组成一个整体，集成电路的出现使电子元件向着微小型化、低功耗、智能化和高可靠性方面发展迈进了一大步。

集成电路的封装外壳有圆壳式、扁平式或双列直插式等多种形式。集成电路技术包括芯片制造技术与设计技术，主要体现在加工设备、加工工艺、封装测试、批量生产及设计创新的能力上。

集成电路按其功能、结构的不同，可以分为模拟集成电路、数字集成电路和数/模混合集成电路三大类。模拟集成电路又称线性电路，用来产生、放大和处理各种模拟信号（指幅度随时间变化的信号，例如半导体收音机的音频信号、录放机的磁带信号等），其输入信号和输出信号成比例关系；而数字集成电路用来产生、放大和处理各种数字信号（指在时间上和幅度上离散取值的信号，例如 3G 手机、数码相机、电脑 CPU、数字电视的逻辑控制和存放的音频信号和视频信号）。

2. 集成电路常用的检测方法

集成电路常用的检测方法有在线测量法、非在线测量法和代换法。

1）在线测量法

在线测量法是利用电压测量法、电阻测量法及电流测量法等通过在电路上测量集成电路的各引脚电压值、电阻值和电流值是否正常来判断该集成电路是否损坏。

2）非在线测量法

非在线测量法是在集成电路未焊入电路时，通过测量其各引脚之间的直流电阻值与已知正常同型号集成电路引脚之间的正、反向直流电阻值进行对比来确定其是否正常。

3）代换法

代换法是用已知完好的同型号、同规格集成电路来代换被测集成电路，可以判断出该集成电路是否损坏。

微处理器集成电路的检测：微处理器集成电路的关键测试引脚是 V_{DD} 电源端、RESET 复位端、X_{IN} 晶振信号输入端、X_{OUT} 晶振信号输出端及其他各输入、输出端。在线测量这些关键引脚对地的电阻值和电压值，看是否与正常值（可从产品电路图或有关维修资料中查出）相同。不同型号微处理器的 RESET 复位点也不相同，有的是低电平复位，即在开机瞬间为低电平，复位后维持高电平；有的是高电平复位，即在开关瞬间为高电平，复位后维持低电平。

◎ 技能训练

1. 任务要求与步骤

（1）认真学习总结各种电工电子元器件的基本知识。

（2）认识实训室的各种电阻元件：识读电阻参数并运用数字万用表进行参数测量，比较两次数据是否相同。

（3）认识实训室的各种电容元件：识读电容参数、运用数字万用表测试电容的好坏并进行参数测量（此法适合于测量小容量的电容）。

（4）认识实训室的各种电感元件：运用数字万用表检测电感的好坏并测量其直流电

阻值。

（5）认识实训室的二极管元件：识读二极管的参数，运用数字万用表检测二极管的好坏并判断具体的管型。

（6）认识实训室的三极管元件：识读三极管的参数，运用数字万用表判断三极管的好坏，判断三极管的各电极顺序及其电流放大倍数。

2. 主要设备器件

（1）实训工作台。

（2）各种电工电子元器件（电阻、电感、电容、二极管、三极管等）。

（3）数字万用表。

3. 任务考核

根据任务要求与步骤，对任务完成情况进行考核，考核及评分标准如表2.1.7所示。

表2.1.7　任务考核评分表

评价类型	占比情况	序号	评价指标	分值	得分		
					自评	互评	教师评价
知识点和技能点	70	1	电阻参数的识读及测试	15			
		2	电容参数的识读及测试	15			
		3	电感好坏的判断及测试	10			
		4	二极管参数识读及测试	15			
		5	三极管参数识读及测试	15			
职业素养	20	1	按时出勤，遵守纪律	3			
		2	信息查找、整理、总结	4			
		3	操作规范	6			
		4	工具整理、正确摆放	4			
		5	团结协作、互助友善	3			
劳动素养	10	1	按时完成	3			
		2	保持工位卫生、整洁、有序	4			
		3	小组任务明确、分工合理	3			

4. 总结反思

总结反思如表2.1.8所示。

表 2.1.8 总结反思

总结反思	
目标达成度：知识 ©©©© 能力 ©©©© 素养 ©©©©	
学习收获：	教师寄语：
问题反思：	签字：_____

5. 练习拓展

（1）总结电阻元件的几种标注方法。

（2）简述电感元件和电容元件的储能特性。

（3）简述二极管的伏安特性。

（4）简述晶体管的输出特性曲线。

（5）总结说明晶体管实现电流放大作用的条件。

（6）四色环电阻和五色环电阻分别是如何读取数据的？

（7）标称阻值系列是如何规定的？为什么买不到 2 500 Ω 或 500 Ω 的电阻，而只能买到 2 700 Ω 或 510 Ω 的电阻？

任务 2.2 认识常用低压电器

◎- 任务描述

低压电器是一种能根据外界的信号和要求，手动或自动地接通、断开电路，以实现对电路或非电对象的切换、控制、保护、检测、变换和调节的元件或设备。在工业、农业、交通、国防以及人们用电部门中，大多数采用低压供电，电气元件的质量将直接影响到低压供电系统的可靠性。本任务介绍几种常用的低压电器，通过任务的学习，学生可以了解常用低压电器的结构、类型，理解其工作原理，掌握其使用方法和对应的图形符号，了解在使用过程中需注意的问题，为后续实际电路的设计和装接奠定一定的基础。

◎- 任务目标

掌握常用低压电器的结构与工作原理。

能根据具体电路参数选择合适的低压电器。

正确识别绘制低压电器的符号。

运用所学知识，进行低压电器的检测。

具备运用低压电器进行实际电动机控制电路分析和设计的能力。

培养学生认真、负责、严谨的工作态度。

培养创新意识和创新能力。

培养理论联系实际的学习方法，提高动手能力。

知识储备

2.2.1 低压手动电器

对电动机和生产机械实现控制和保护的电工设备叫作控制电器，控制电器的种类很多，按其动作方式可以分为手动控制电器和自动控制电器两种：手动控制电器的动作是由工作人员手动操纵的，如刀开关、组合开关、按钮等；自动控制电器的动作是根据指令、信号或某个物理量的变化自动进行的，且电器在完成接通后，其断开、启动、反转等动作都是自动完成的，如中间继电器、交流接触器等。按照工作电压等级的不同又分为高压电器和低压电器，通常情况下，高压电器是指交流电压 1 000 V（或直流电压 1 500 V）及以上的电路中使用的电器，低压电器是指额定电压 1 000 V（或直流电压 1 500 V）及以下的电路中使用的电器，机床电气控制线路中使用的电器多数属于低压电器。低压电器是电力拖动自动控制系统的基本组成元件，常用的低压电器主要有刀开关、按钮、继电器、接触器等。下面对几种常用的低压电器做简要介绍。

1. 刀开关

刀开关又称闸刀开关，是最简单的手动控制电器，一般用于不频繁操作的低压电路中，用作接通和切断电源，或用来将电路与电源隔离，有时也用来控制小容量电动机的直接启动和停机。刀开关在额定电压下工作时，其工作电流不能超过额定值。

根据刀的极数和操作方式，刀开关可分为单极、双极和三极，常用的三极刀开关长期允许通过的电流有 100 A、200 A、400 A、600 A 和 1 000 A 五种。目前生产的产品型号有 HD（单投）和 HS（双投）等系列。刀开关通常由静触点、动触点、灭弧装置、操作手柄和绝缘底板等结构组成。图 2.2.1 所示为三极刀开关的外观图；图 2.2.2 所示为刀开关的图形符号。

低压手动电器

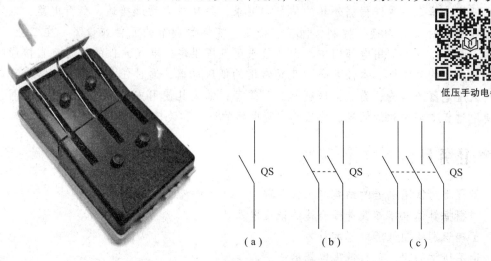

图 2.2.1　三极刀开关的外观图

图 2.2.2　刀开关的图形符号
（a）单极；（b）双极；（c）三极

选择刀开关时，主要的参数有额定电压、额定电流、电源种类、设备容量及使用场合等。特别需要注意的是，刀开关的额定电流应大于所控制的最大负荷电流。同时，刀开关在安装时，注意手柄要向上（即把柄向上合为接通电源、向下拉为断开电源），不得倒装。

2. 组合开关

组合开关又称转换开关，实质上是一种特殊的刀开关，只不过一般刀开关的操作手柄是在垂直于安装面的平面内向上或向下转动，而转换开关的操作手柄则是在平行于其安装面的平面内向左或向右转动。它具有多触头、多位置、体积小、性能可靠、操作方便、安装灵活等特点。

组合开关多用在机床电气控制线路中，一般被作为电源引入的开关，可以用它来直接启动或停止小功率电动机或使电动机启动、停止、正反转等，局部照明电路也常用它来控制。组合开关由装在同一转轴上的多个单极旋转开关叠装在一起组成的，具体结构有操作手柄、弹簧、绝缘杆、动触片和静触片等，如图 2.2.3 所示。

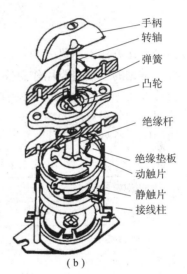

手柄
转轴
弹簧
凸轮
绝缘杆
绝缘垫板
动触片
静触片
接线柱

（a）　　　　　　　　　　（b）

图 2.2.3　组合开关
（a）实物图；（b）结构图

组合开关有单极、双极、三极、四极几种，额定持续电流有 10 A、25 A、60 A、100 A 等多种。选择使用时，可以根据相应的控制要求、工作电流及工作电压等进行。

3. 按钮

按钮又称控制按钮或按钮开关，常用来接通或断开控制电路（电流较小），从而达到控制电动机或其他电气设备运行的目的。

按钮主要是由按钮帽、复位弹簧、动触头、按钮盒等部分组成的，其结构原理图及实物图如图 2.2.4 所示。图 2.2.4（a）中，有动断触点和动合触点。所谓动断触点是指在按钮未按下前，触点是闭合的（即常态下为闭合的，故动断触点又称为常闭触点），按下按钮后常闭触点断开，切断了电路；动合触点在按钮未被按下前，触点是断开的（即常态下为断开的，故动合触点又称为常开触点），按下按钮后常开触点闭合，接通电路。需要强调的是：对于复合按钮，按钮按下时，动断触点首先断开，动合触点才会闭合；按钮松开时，依靠复位弹簧的作用，动合触点首先断开，动断触点后闭合，恢复到原来的位置。

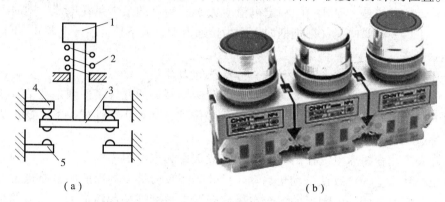

（a）　　　　　　　　　　　　　　　　（b）

图2.2.4　按钮

（a）结构图；（b）实物图

1—按钮帽；2—复位弹簧；3—动触头；4—动断触点；5—动合触点

按钮按操作方式不同可分为：带锁定按动式（无自动复位功能）、不带锁定按动式和旋转式三种。常见的按钮主要用作急停按钮、启动按钮、停止按钮、组合按钮（键盘）、点动按钮、复位按钮等。工程应用中，有时也通过按钮帽的颜色来区分按钮的功能，表2.2.1所示为按钮帽颜色和对应的功能。按钮是一种电气主控元件，电气符号为SB，图2.2.5所示为按钮的图形符号。

表2.2.1　按钮帽颜色和对应的功能

按钮帽颜色	功能
红色	停止或急停按钮，也可用作有停止作用的复位按钮
绿色	启动按钮
黑色、白色或灰色	启动和停止交替动作的按钮
黑色	点动按钮
蓝色（有保护继电器）	复位按钮

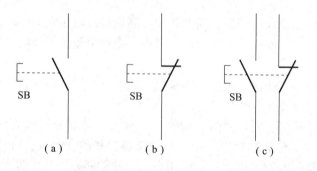

（a）　　　　　　（b）　　　　　　（c）

图2.2.5　按钮的图形符号

（a）常开按钮；（b）常闭按钮；（c）复合按钮

在实际应用中，也可根据需要组合成多组动合和动断触点，构成一种积木式按钮——多联按钮，如把两个按钮组合成"启动"和"停止"的双联按钮，如图2.2.5（c）所示的复合按钮即为双联按钮。切记，同一个按钮的动合和动断触点不能同时用作启动和停止电动机。

2.2.2　低压自动电器

1. 熔断器

熔断器是电路中最普遍的保护电器之一，主要由熔体、安装熔体的熔管和熔座三部分组成。熔体常为丝状、片状和栅状，是熔断器的主要组成部分；熔管是熔体的外壳，在熔体受热断开时有灭弧作用，应当保证熔管的额定电流大于熔体的额定电流；熔座的作用是固定熔管和外接引出线。

熔断器在使用时要与它所保护的电路串联，当电路发生短路或过电流导致电流超过规定值时，通过熔体的电流使其发热，当达到熔体金属熔化温度时熔体自动熔断，切断电路，起到保护作用。熔断器广泛应用于高低压配电系统和控制系统以及用电设备中，作为短路和过电流的保护器使用。图2.2.6所示为常见熔断器的外形结构，图2.2.7所示为熔断器的图形符号。

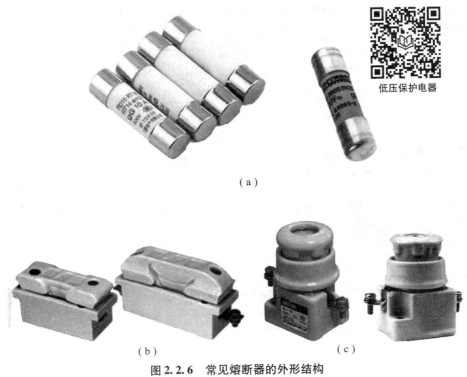

低压保护电器

（a）

（b）　　　　　　　　　　（c）

图2.2.6　常见熔断器的外形结构

（a）管式；（b）插式；（c）螺旋式

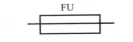

图2.2.7　熔断器的图形符号

　　熔体额定电流不等于熔断器额定电流，熔体额定电流按被保护设备的负荷电流选择，熔断器额定电流应大于熔体额定电流，与主电器配合确定。熔断器在选用时，除了根据应用场合选择适当的结构外，还应注意熔体额定电流的选择，以下是几种常见的熔体额定电流选择方法：

　　（1）照明和电热负载的熔体：为了确保线路及负载的正常工作，应使熔体的额定电流≥被保护设备的额定电流。

　　（2）一台电动机的熔体：由于电动机的启动电流是额定电流的5～7倍，为使电动机能正常启动，需按照电动机的启动电流确定熔体的电流，一般可以按照

$$熔体额定电流 \geq 电动机启动电流/2.5$$

若频繁启动，则取

$$熔体额定电流 \geq 电动机启动电流/(1.6\sim2)$$

这样可以防止电动机频繁启动时熔体熔断。

　　（3）多台电动机合用的熔体：考虑到多台电动机未必能同时启动，其熔体额定电流为1.5～2.5倍的最大容量电动机的额定电流与其余电动机额定电流之和。

2. 空气断路器

　　空气断路器又称自动空气开关，简称空气开关，是断路器的一种。空气开关是低压配电网络和电力拖动系统中非常重要的一种电器，它集控制和多种保护功能于一身。除了可以完成接触和分断电路外，当电路发生短路或严重过载、欠电压等故障时，还可切断电路起到保护作用。在低压线路中，它经常与熔断器配合对线路进行保护。

　　图2.2.8所示为空气断路器的外形、结构原理图。它主要由触点系统、灭弧装置、机械传动装置和保护装置等组成。图2.2.9所示为空气断路器的图形符号。

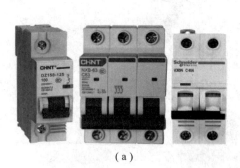 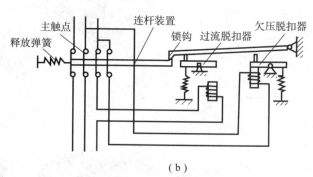

（a）　　　　　　　　　　　　　　　　　　　　（b）

图2.2.8　空气断路器

（a）外形图；（b）结构示意图

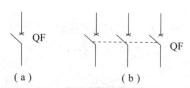

（a）　　　　　　　　　（b）

图2.2.9　空气断路器的图形符号

空气断路器在正常工作时，过电流脱扣器的衔铁是释放的，严重过载或者短路时，线圈由于流过的电流过大而产生较强的电磁吸力，把衔铁往下吸而顶开锁钩，使主触点断开，切断电路，起到过流保护作用；欠电压脱扣器正常情况下吸住衔铁，主触点闭合，当电压严重下降或断电时电磁吸力减小，在弹簧的作用下释放衔铁而使主触点断开，从而切断电路，起到保护作用。

空气断路器在选用时应注意，其额定工作电压、额定工作电流应大于被保护线路的额定电压及额定电流，同时要根据被保护电路要求选择合适的脱扣器种类及脱扣器额定电流。

3. 热继电器

热继电器是利用感温元件受热而动作的一种继电器，主要在电动机或者其他负载发生过载时进行保护。它主要由发热元件、双金属片、触点及一套传动和调整机构组成，如图2.2.10所示。发热元件是一段阻值不大的电阻丝，串联接在被保护电动机的主电路中。被热元件包围的双金属片由两种热膨胀系数不同的金属材料辗压而成，当电动机长期过载时，电流长期超过容许值，热元件发热使双金属片发生弯曲向上翘时，在弹簧的作用下，常闭触点断开。常闭触点串接在控制回路中，由于控制回路断开而使与其相接的接触器线圈断电，从而接触器主触点断开，电动机的主电路断电，实现了过载保护。热继电器动作后，电路断开，热元件温度降低。待故障排除后，若需正常运行，即按下复位按钮，热元件恢复原位，常闭触点恢复闭合状态。图2.2.11所示为热继电器的外形图和图形符号，热继电器的文字符号用FR表示。

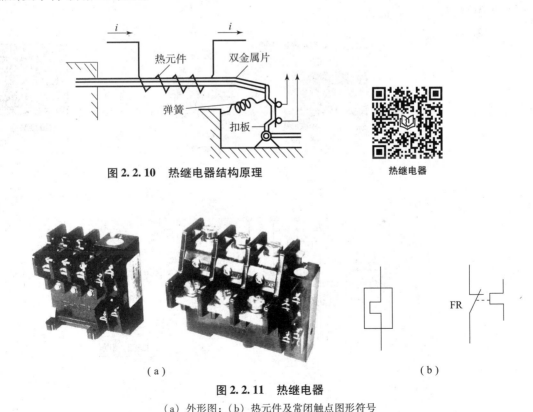

图 2.2.10　热继电器结构原理

热继电器

（a）　　　　　　　　　　　　　　　　（b）

图 2.2.11　热继电器

（a）外形图；（b）热元件及常闭触点图形符号

需要注意的是：由于双金属片受热弯曲过程中，热量的传递需要较长的时间，因此，热继电器不能用作短路保护，而只能用作过载保护。

热继电器的技术参数：

额定电压：热继电器能够正常工作的最高电压值，一般为交流 220 V、380 V；

额定电流：热继电器的额定电流主要是指通过热继电器的电流；

额定频率：一般而言，其额定频率为 45~62 Hz；

整定电流范围：整定电流是指当热元件中通过的电流超过整定值的 20% 时，热继电器应在 20 min 内动作。整定电流的范围由本身的特性来决定，在一定的电流条件下，热继电器的动作时间和电流的平方成反比。

热继电器在选择使用时，除了应当了解电动机的基本情况（如具体工作环境、启动电流、允许过载能力等）外，还应根据电动机的额定电流选择具有相应整定电流值的热元件。

4. 交流接触器

交流接触器是一种依靠电磁力的吸合和反向弹簧力作用使触点闭合和断开，来接通和切断带有负载的主电路或大容量控制电路的自动切换电器，常用于电动机的远距离自动控制。

交流接触器主要由触点、电磁操作机构和灭弧装置三部分组成，图 2.2.12 所示为交流接触器的外形和结构图。图 2.2.12（b）中有 3 对常开主触点、1 对常开辅助触点和 1 对常闭辅助触点。主触点接触面积大且带有灭弧装置，可以分断和接通较大的电流，一般用于主电路中；辅助触点接触面积小，适于通断较小的电流，常用于控制电路中。电磁操作结构包括吸引线圈、铁芯和衔铁。

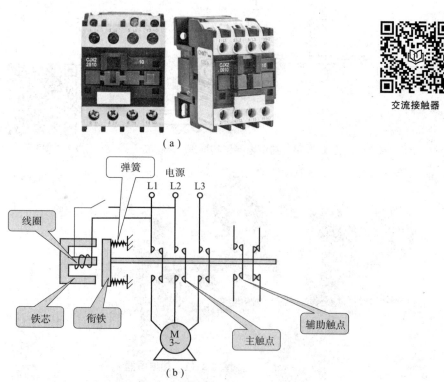

交流接触器

（a）

图 2.2.12 交流接触器

（a）外形图；（b）结构示意图

交流接触器的工作原理如下：当电源接通时，吸引线圈中有电流流过，产生电磁力并吸引衔铁，衔铁被吸合的过程中常开主触点闭合，电路接通，电动机开始工作；常闭辅助触点断开、常开辅助触点闭合。当吸引线圈断电时，吸引线圈中电流消失，铁芯产生的电磁力也同时消失，在弹簧的作用下，衔铁和铁芯分离，触点系统恢复常态。图 2.2.13 所示为交流接触器的图形符号。

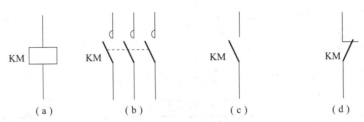

图 2.2.13　交流接触器图形符号

（a）线圈；（b）主触点；（c）常开辅助触点；（d）常闭辅助触点

交流接触器在选用时，要根据负载性质和接触器的类型进行，接触器的额定电压应大于或等于主电路的工作电压，额定电流应大于或等于被控电路的额定电流（对于电动机负载，还应根据其运行方式适当增大或减小）。此外，吸引线圈的额定电压与频率还要与所在控制电路的选用电压和频率相一致。

5. 中间继电器

中间继电器主要用来传递信号和同时控制多个电路，也可用来直接控制小容量电动机或其他电气执行元件。它的结构和工作原理与交流接触器基本相同，不同之处在于交流接触器的触点有主触点和辅助触点之分，且主触点可以通过大电流；中间继电器的触点数目多一些，但没有主辅之分，触点容量小，且各组触点允许通过的电流大小是相同的。图 2.2.14 所示为中间继电器的外形图。

图 2.2.14　中间继电器的外形图

在选用中间继电器时，主要考虑触点的额定电压和电流应等于或大于所接电路的电压和电流，触点类型及数量应满足电路的要求，绕组电压应与所接电路电压相同。

技能训练

1. 任务要求与步骤

（1）认识实训室的各种低压电器。

（2）查阅资料，识读各低压电器的参数。

（3）运用数字万用表进行低压电器的检测。

（4）练习安装低压电器。

2. 主要设备器件

（1）实训工作台。

（2）各种低压电器及安装导轨。

（3）数字万用表。

3. 任务考核

根据任务要求与步骤，对任务完成情况进行考核，考核及评分标准如表2.2.2所示。

表 2.2.2　任务考核评分表

评价类型	占比情况	序号	评价指标	分值	得分		
					自评	互评	教师评价
知识点和技能点	70	1	各种低压电器的参数识读	20			
		2	低压电器的检测	25			
		3	低压电器的安装	25			
职业素养	20	1	按时出勤，遵守纪律	3			
		2	专业术语用词准确、表述清楚	4			
		3	操作规范	6			
		4	工具整理、正确摆放	4			
		5	团结协作、互助友善	3			
劳动素养	10	1	按时完成	3			
		2	保持工位卫生、整洁、有序	4			
		3	小组任务明确、分工合理	3			

4. 总结反思

总结反思如表2.2.3所示。

表 2.2.3　总结反思

总结反思	
目标达成度：知识 ◎◎◎◎　　　能力 ◎◎◎◎　　　素养 ◎◎◎◎	
学习收获：	教师寄语：
问题反思：	签字：＿＿＿＿＿＿

5. 练习拓展

（1）热继电器为什么不可以用作短路保护？

（2）是否可以用中间继电器通断交直流主电路，为什么？

（3）简述交流接触器的主要部分及工作原理。

（4）在电动机控制接线中，主电路中装有熔断器，为什么还要加装热继电器？它们各起何作用，能否互相代替？

（5）中间继电器与交流接触器有什么区别？什么情况下可用中间继电器代替交流接触器使用？

任务 2.3 常用导线的连接

任务描述

在电工作业中，经常需要对各种导线进行连接操作，本任务介绍常用导线的连接方式及注意事项。通过任务的学习，可以了解常用导线绝缘层的处理方法以及导线的各种连接方式，尤其是单股铜芯导线的连接，了解多股导线的连接方法，掌握导线绝缘层恢复的方法。

任务目标

掌握导线绝缘层处理的方法。

掌握单股铜芯导线的连接方法。

掌握导线绝缘层恢复的方法。

培养严谨求实的态度。

培养规范操作的意识。

知识储备

2.3.1 导线绝缘层的剖削

绝缘导线连接前，必须把导线端的绝缘层剥去，剖削的长度依接头方法和导线截面积的不同而不同，导线绝缘层的剖削通常有单层削法、分段削法和斜削法三种，如图 2.3.1 所示。下面介绍几种常用的导线绝缘层的剖削方法。

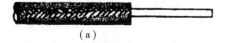
（a）

（b）

（c）

图 2.3.1 导线绝缘层的切削

（a）单层削法；（b）分段削法；（c）斜削法

1. 塑料硬线绝缘层的剖削

（1）对于截面积不大于 4 mm² 塑料硬线绝缘层

的剖削，一般用钢丝钳进行，剖削的方法和步骤如下：

①根据所需线头长度用钢丝钳刀口切割绝缘层，注意用力适度，不可损伤芯线。

②用左手抓牢电线，右手握住钢丝钳头用力向外拉动，即可剖下塑料绝缘层，如图 2.3.2 所示。

③剖削完成后，应检查芯线是否完整无损，如损伤较大，应重新剖削。塑料软线绝缘层的剖削，只能用剥线钳或钢丝钳进行，不可用电工刀剖，其操作方法与此相同。

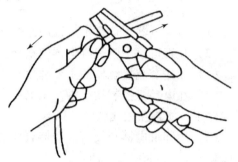

图 2.3.2　用钢丝钳剖削导线绝缘层

（2）对于截面积大于 4 mm² 以上的塑料硬导线，可用电工刀来剖削绝缘层，其方法和步骤如下：

①根据所需线头长度，用电工刀以约 45°角倾斜切入塑料绝缘层，注意用力适度，避免损伤芯线。

②接着使刀面与芯线保持 25°左右角，用力向线端推削，在此过程中应避免电工刀切入芯线，只削去上面一层塑料绝缘。

③最后将塑料绝缘层向后翻起，用电工刀齐根切去。其操作过程如图 2.3.3 所示。

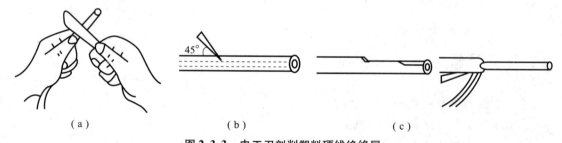

（a）　　　　　　　　　　（b）　　　　　　　　　　（c）

图 2.3.3　电工刀剖削塑料硬线绝缘层

（a）握刀姿势；（b）电工刀以 45°切入；（c）刀以 25°倾斜推削；（d）翻下塑料层

2. 塑料软线绝缘层的剖削

塑料软导线绝缘层只能用剥线钳或钢丝钳剖削（剖削方法同塑料硬线），不可用电工刀剖削，否则容易剖伤芯线。

3. 塑料护套线绝缘层的剖削

塑料护套线只允许端头连接，不允许进行中间连接。其绝缘层由公共护套层和每根芯线的绝缘层两部分组成，公共护套线绝缘层的剖削必须用电工刀来完成，剖削方法和步骤如下：

（1）首先按所需长度用电工刀刀尖沿芯线中间逢隙划开护套层，如图 2.3.4（a）所示。

（2）向后翻起护套层，用电工刀齐根切去，如图 2.3.4（b）所示。

（3）在距离护套层 5～10 mm 处，用电工刀以 45°角倾斜切入绝缘层，其他剖削方法与塑料硬线绝缘层的剖削方法相同。

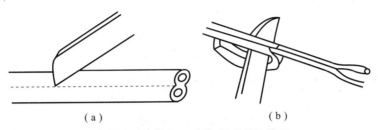

图 2.3.4　电工刀剖削塑料硬线绝缘层

（a）刀在芯线缝隙间划开护套层；（b）扳翻护套层并齐根切去

4. 橡皮线绝缘层的剖削

橡皮线绝缘层外面有柔韧的纤维纺织层，其剖削方法和步骤如下：

（1）先把橡皮线编织保护层用电工刀划开，其方法与剖削护套线的护套层方法类同。

（2）用剖削塑料线绝缘层相同的方法剖去橡皮层。

（3）将棉纱层散开到根部，用电工刀齐根切去，具体过程如图 2.3.5 所示。

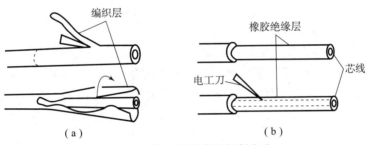

图 2.3.5　橡皮线绝缘层剖削方法

（a）划开编织层；（b）剖削橡皮绝缘层

5. 花线绝缘层的剖削

花线绝缘层分外层和内层，外层是柔韧的棉纱纺织物，内层是橡胶绝缘层和棉纱层，其剖削方法步骤如下：

（1）首先根据所需剖削长度，用电工刀在导线外表织物保护层割切一圈，并将其剥离。

（2）距织物保护层 10 mm 处，用钢丝钳刀口切割橡皮绝缘层。注意不能损伤芯线，拉下橡皮绝缘层。

（3）将露出的棉纱层松散开，用电工刀割断，如图 2.3.6 所示。

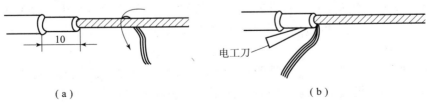

图 2.3.6　花线绝缘层的剖削

（a）将棉纱层散开；（b）割断棉纱层

6. 铅包线绝缘层的剖削

铅包线绝缘层分外部铅包层和内部芯线绝缘层，其剖削方法和步骤如下：

（1）先用电工刀围绕铅包层切割一圈，如图 2.3.7（a）所示。

（2）用双手来回扳动切口处，使铅层沿切口处折断，把铅包层拉出来，如图 2.3.7（b）所示。

（3）铅包线内部绝缘层的剖削方法与塑料硬线绝缘层的剖削方法相同，如图 2.3.7（c）所示。

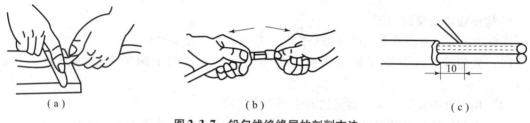

（a）　　　　　　　　　　（b）　　　　　　　　　　（c）

图 2.3.7　铅包线绝缘层的剖削方法

（a）按所需长度剖削；（b）折断并拉出铅包层；（c）剖削内部绝缘层

7. 漆包线绝缘层的剖削

漆包线绝缘层是绝缘漆喷涂在芯线上而形成的。对不同路径的漆包线，其绝缘层的去除方法也不同。直径在 1.0 mm 以上的，可用专用刮线刀刮去；直径在 0.6 mm 以下的，可用细砂纸或刀片小心擦除或刮去。因线径较细，注意不要折断。有时为了保持漆包芯线直径的准确，也可用微火烧焦线头绝缘漆层，再将漆层轻轻刮去（不可用大火，以免芯线变形或烧断）。

2.3.2　常用导线连接方法

导线连接是电工作业的一项基本工序，也是一项十分重要的工序。导线连接的质量直接关系到整个线路能否安全可靠地长期运行。对导线连接的基本要求是：连接牢固可靠、接头电阻小、机械强度高、耐腐蚀、耐氧化、绝缘性能好。需连接的导线种类和连接形式不同，其连接的方法也不同。常用的连接方法有绞合连接、紧压连接、焊接等。连接前应小心地剥除导线连接部位的绝缘层，注意不可损伤其芯线。

1. 绞合连接

绞合连接是指将需连接导线的芯线直接紧密绞合在一起，铜导线常用绞合连接。

1）单股铜导线的直接连接

小截面单股铜导线连接方法如图 2.3.8 所示，先将两导线的芯线线头做 X 形交叉，再将它们相互缠绕 2~3 圈后扳直两线头，然后将每个线头在另一芯线上紧贴密绕 5~6 圈后剪去多余线头即可。

大截面单股铜导线连接方法如图 2.3.9 所示，先在两导线的芯线重叠处填入一根相同直径的芯线，再用一根截面积约 1.5 mm² 的裸铜线在其上紧密缠绕，缠绕长度为导线直径的 10 倍左右，然后将被连接导线的芯线线头分别折回，最后将两端的缠绕裸铜线继续缠绕 5~6 圈后剪去多余线头即可。

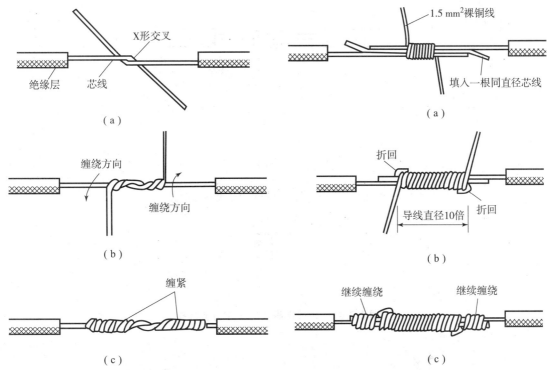

图 2.3.8　单股铜导线的连接方法

图 2.3.9　大截面单股铜导线的连接方法

不同截面单股铜导线连接方法如图 2.3.10 所示，先将细导线的芯线在粗导线的芯线上紧密缠绕 5~6 圈，然后将粗导线线的线头折回紧压在缠绕层上，再用细导芯线线在其上继续缠绕 3~4 圈后剪去多余线头即可。

2）单股铜导线的分支连接

单股铜导线的 T 字分支连接如图 2.3.11 所示，将支路芯线的线头紧密缠绕在干路芯线上 5~8 圈后剪去多余线头即可。对于较小截面的芯线，可先将支路芯线的线头在干路芯线上打一个环绕结，再紧密缠绕 5~8 圈后剪去多余线头即可。

单股铜导线的十字分支连接如图 2.3.12 所示，将上下支路芯线的线头紧密缠绕在干路芯线上 5~8 圈后剪去多余线头即可。可以将上下支路芯线的线头向一个方向缠绕，如图 2.3.12（a）所示，也可以向左右两个方向缠绕，如图 2.3.12（b）所示。

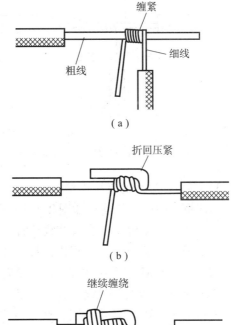

图 2.3.10　不同截面单股铜导线的连接方法

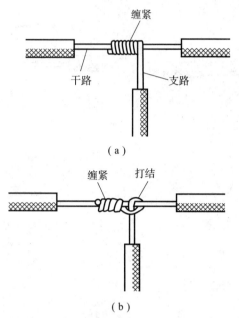

（a）

（b）

图 2.3.11　单股铜导线的 T 字分支连接

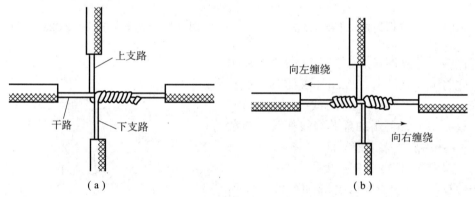

（a）　　　　　　　　　　　　　　　　　　（b）

图 2.3.12　单股铜导线的十字分支连接

（a）上下支路芯线的线头向一个方向缠绕；（b）支路芯线向左右两个方向缠绕

3）多股铜导线的直接连接

多股铜导线的直接连接如图 2.3.13 所示，具体方法和步骤如下：

（1）将剥去绝缘层的多股芯线拉直，将其靠近绝缘层约 1/3L 芯线绞合拧紧，而将其余 2/3L 芯线成伞状散开，另一根需连接的导芯线线也如此处理。

（2）将两伞状芯线隔股对叉，叉紧后将每股芯线捏平。

（3）将每一边的芯线线头分为 3 组，先将某一边的第 1 组线头翘起并紧密缠绕在芯线上，再将第 2 组线头翘起并紧密缠绕在芯线上；最后将第 3 组线头翘起并紧密缠绕在芯线上。

（4）以同样方法缠绕另一边的线头。

4）多股铜导线的分支连接

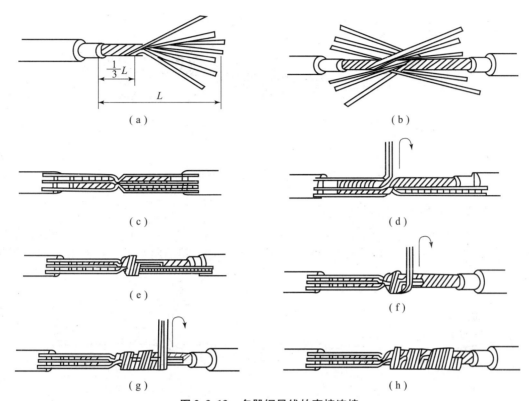

图 2.3.13 多股铜导线的直接连接

（a）部分芯线散成伞状；（b）线头隔股对叉；（c）捏平对叉的线头；（d）扳起第 1 组缠绕两圈；

（e）向右平直第 1 组线头；（f）扳起第 2 组缠绕两圈后向右平直；

（g）扳起第 3 组缠绕；（h）去除多余线头并平直

多股铜导线的 T 字分支连接有两种方法，一种方法如图 2.3.14 所示，将支路芯线 90°折弯后与干路芯线并行，如图 2.3.14（a）所示，然后将线头折回并紧密缠绕在芯线上即可，如图 2.3.14（b）所示。另一种方法如图 2.3.15 所示，将支路芯线靠近绝缘层的约 1/8L 芯线绞合拧紧，其余 7/8L 芯线分为两组，如图 2.3.15（a）所示，一组插入干路芯线当中，另一组放在干路芯线前面，并朝右边方向缠绕 4～5 圈。再将插入干路芯线当中的那一组朝左边按图 2.3.15（b）所示方向缠绕 4～5 圈，连接好的导线如图 2.3.15（c）所示。

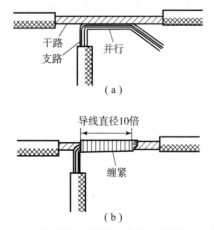

图 2.3.14 多股铜导线的 T 字分支连接（方法一）

（a）支路芯线 90°折弯后与干路芯线并行；

（b）将线头折回并紧密缠绕

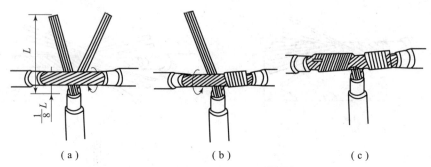

（a）　　　　　　　　（b）　　　　　　　　（c）

图 2.3.15　多股铜导线的 T 字分支连接（方法二）

5）单股铜导线与多股铜导线的连接

单股铜导线与多股铜导线的连接方法如图 2.3.16 所示，先将多股导线的芯线绞合拧紧成单股状，再将其紧密缠绕在单股导线的芯线上 5~8 圈，最后将单股芯线线头折回并压紧在缠绕部位即可。

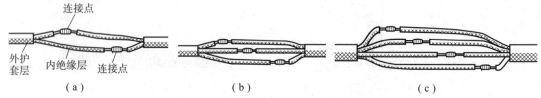

（a）　　　　　　　　（b）　　　　　　　　（c）

图 2.3.16　单股铜导线与多股铜导线的连接方法

6）同一方向导线的连接

当需要连接的导线来自同一方向时，可以采用图 2.3.17 所示的方法。对于单股导线，可将一根导线的芯线紧密缠绕在其他导线的芯线上，再将其他芯线的线头折回压紧即可。对于多股导线，可将两根导线的芯线互相交叉，然后绞合拧紧即可。对于单股导线与

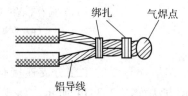

图 2.3.17　同一方向的导线的连接

多股导线的连接，可将多股导线的芯线紧密缠绕在单股导线的芯线上，再将单股芯线的线头折回压紧即可。

7）双芯或多芯电线电缆的连接

双芯护套线、三芯护套线或电缆、多芯电缆在连接时，应注意尽可能将各芯线的连接点互相错开位置，可以更好地防止线间漏电或短路。

2. 紧压连接

铝导线虽然也可采用绞合连接，但铝芯线的表面极易氧化，日久将造成线路故障，因此铝导线通常采用紧压连接。紧压连接是指用铜或铝套管套在被连接的芯线上，再用压接钳或压接模具压紧套管使芯线保持连接。铜导线（一般是较粗的铜导线）和铝导线都可以采用紧压连接，铜导线的连接应采用铜套管，铝导线的连接应采用铝套管。紧压连接前应先清除导芯线线表面和压接套管内壁上的氧化层和黏污物，以确保接触良好。

1）铜导线或铝导线的紧压连接

压接套管截面有圆形和椭圆形两种，圆截面套管内可以穿入一根导线，椭圆截面套管内可以并排穿入两根导线。圆截面套管使用时，将需要连接的两根导线的芯线分别从左右两端插入套管相等长度，以保持两根芯线的线头连接点位于套管内的中间，然后用压接钳或压接模具压紧套管，一般情况下只要在每端压一个坑即可满足接触电阻的要求。在对机械强度有要求的场合，可在每端压两个坑，如图2.3.18所示。对于较粗的导线或机械强度要求较高的场合，可适当增加压坑的数目。

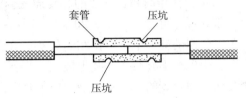

图 2.3.18 圆截面套管的使用方法

椭圆截面套管使用时，将需要连接的两根导线的芯线分别从左右两端相对插入并穿出套管少许，如图2.3.19（a）所示，然后压紧套管即可，如图2.3.19（b）所示。椭圆截面套管不仅可用于导线的直线压接，而且可用于同一方向导线的压接，如图2.3.19（c）所示；还可用于导线的T字分支压接或十字分支压接，如图2.3.19（d）和图2.3.19（e）所示。

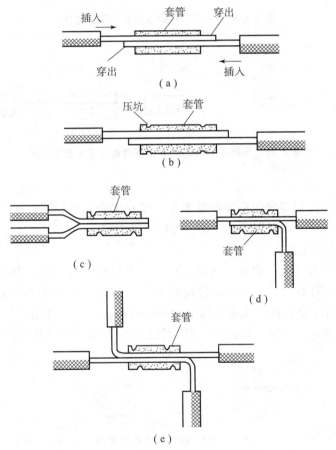

图 2.3.19 椭圆截面套管的使用方法

2）铜导线与铝导线之间的紧压连接

当需要将铜导线与铝导线进行连接时，必须采取防止电化腐蚀的措施。因为铜和铝的标准电极电位不一样，如果将铜导线与铝导线直接绞接或压接，在其接触面将发生电化腐蚀，引起接触电阻增大而过热，造成线路故障。常用的防止电化腐蚀连接方法有两种：一种方法是采用铜铝连接套管，铜铝连接套管的一端是铜质，另一端是铝质，如图 2.3.20（a）所示。使用时将铜导线的芯线插入套管的铜端，将铝导线的芯线插入套管的铝端，然后压紧套管即可，如图 2.3.20（b）所示；另一种方法是将铜导线镀锡后采用铝套管连接，由于锡与铝的标准电极电位相差较小，在铜与铝之间夹垫一层锡也可以防止电化腐蚀，具体做法是先在铜导线的芯线上镀上一层锡，再将镀锡铜芯线插入铝套管的一端，铝导线的芯线插入该套管的另一端，最后压紧套管即可，如图 2.3.21 所示。

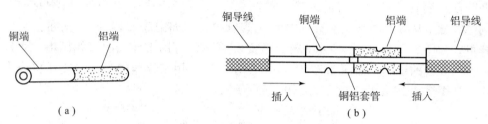

图 2.3.20　采用铜铝连接套管的紧压连接

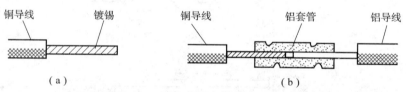

图 2.3.21　将铜导线镀锡后采用铝套管连接的紧压连接

3. 焊接

焊接是指将金属（焊锡等焊料或导线本身）熔化融合而使导线连接。电工技术中导线连接的焊接种类有锡焊、电阻焊、电弧焊、气焊、钎焊等。

1）铜导线接头的锡焊

较细的铜导线接头可用大功率（例如 150 W）电烙铁进行焊接。焊接前应先清除铜芯线接头部位的氧化层和黏污物。为增加连接可靠性和机械强度，可将待连接的两根芯线先进行绞合，再涂上无酸助焊剂，用电烙铁蘸焊锡进行焊接即可，如图 2.3.22 所示。焊接中应使焊锡充分熔化渗入导线接头缝隙中，焊接完成的接点应牢固光滑。

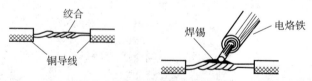

图 2.3.22　铜导线接头的锡焊

较粗（一般指截面积 16 mm² 以上）的铜导线接头可用浇焊法连接。浇焊前同样应先清除铜芯线接头部位的氧化层和黏污物，涂上无酸助焊剂并将线头绞合。将焊锡放在化锡锅内加热熔化，当熔化的焊锡表面呈磷黄色说明锡液已达符合要求的高温，即可进行浇焊。

浇焊时将导线接头置于化锡锅上方,用耐高温勺子盛上锡液从导线接头上面浇下,如图2.3.23所示。刚开始浇焊时因导线接头温度较低,锡液在接头部位不会很好渗入,应反复浇焊,直至完全焊牢为止。浇焊的接头表面也应光洁平滑。

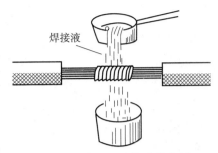

图2.3.23　铜导线接头的浇焊

2)铝导线接头的焊接

铝导线接头的焊接一般采用电阻焊或气焊。电阻焊是指用低电压大电流通过铝导线的连接处,利用其接触电阻产生的高温高热将导线的铝芯线熔接在一起。电阻焊应使用特殊的降压变压器(1 kV·A、初级220 V、次级6~12 V),配以专用焊钳和碳棒电极,如图2.3.24所示。

气焊是指利用气焊枪的高温火焰,将铝芯线的连接点加热,使待连接的铝芯线相互熔融连接。气焊前应将待连接的铝芯线绞合,或用铝丝或铁丝绑扎固定,如图2.3.25所示。

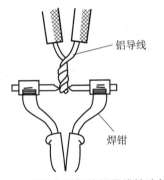

图2.3.24　采用电阻焊的铝导线接头的焊接

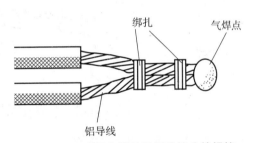

图2.3.25　采用气焊的铝导线接头的焊接

2.3.3　导线绝缘层的恢复

当发现导线绝缘层破损或完成导线连接后,一定要恢复导线的绝缘层。要求恢复后的绝缘强度不应低于原有绝缘层,方能保证用电安全。电力线上导线绝缘层通常用包缠法进行恢复,所用材料通常是黄蜡带、涤纶薄膜带和黑胶带,黄蜡带和黑胶带一般选用宽度为20 mm的。

1. 直线连接绝缘层的恢复

直线连接绝缘层的恢复方法是先缠一层黄蜡带,再包缠一层黑胶带,具体步骤如下:

(1)将黄蜡带从导线左侧完整的绝缘层上开始包缠,包缠两根带宽后再进入无绝缘层的接头部分,包至连接处的另一端时,也同样应包入完整的绝缘层上两个带宽的距离,如图2.3.26(a)所示。

（2）包缠时，应将黄蜡带与导线保持约55°的倾斜角，每圈叠压带宽的1/2左右，如图2.3.26（b）所示。

（3）包缠一层黄蜡带后，把黑胶布接在黄蜡带的尾端，按另一斜叠方向再包缠一层黑胶布，每圈仍要压叠带宽的1/2，如图2.3.26（c）、图2.3.26（d）所示。

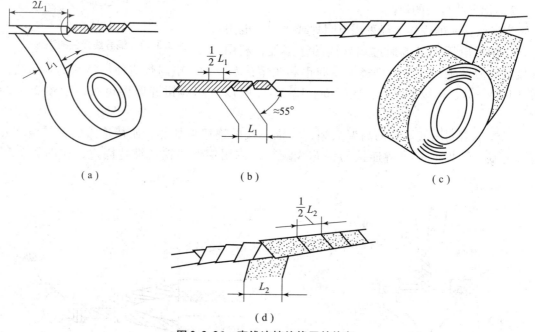

（a） （b） （c）

（d）

图2.3.26 直线连接绝缘层的恢复

2. T形连接接头的绝缘恢复

（1）首先将黄蜡带从接头左端开始包缠，每圈叠压带宽的1/2左右，如图2.3.27（a）所示。

（2）缠绕至支线时，用左手拇指顶住左侧直角处的带面，使它紧贴于转角处芯线，而且要使处于接头顶部的带面尽量向右侧斜压，如图2.3.27（b）所示。

（3）当围绕到右侧转角处时，用手指顶住右侧直角处带面，将带面在干线顶部向左侧斜压，使其与被压在下边的带面呈X状交叉，然后把黄蜡带再回绕到左侧转角处，如图2.3.27（c）所示。

（4）使黄蜡带从接头交叉处开始在支线上向下包缠，并使黄蜡带向右侧倾斜，如图2.3.27（d）所示。

（5）在支线上绕至绝缘层上约两个带宽时，黄蜡带折回向上包缠，并使黄蜡带向左侧倾斜，绕至接头交叉处，使黄蜡带围绕过干线顶部，然后开始在干线右侧芯线上进行包缠，如图2.3.27（e）所示。

（6）包缠至干线右端的完好绝缘层后，再接上黑胶带，按上述方法包缠一层即可，如图2.3.27（f）所示。

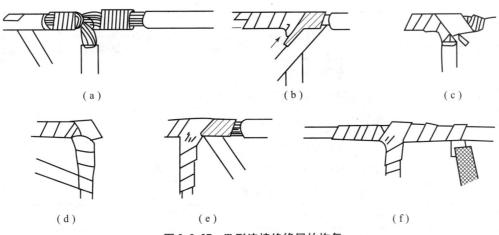

图 2.3.27　T 形连接绝缘层的恢复

3. 注意事项

（1）在为工作电压为 380 V 的导线恢复绝缘时，必须先包缠 1～2 层黄蜡带，然后再包缠一层黑胶带。

（2）在为工作电压为 220 V 的导线恢复绝缘时，应先包缠一层黄蜡带，然后再包缠一层黑胶带，也可只包缠两层黑胶带。

（3）包缠绝缘带时，不能过密或过疏，更不能露出芯线，以免发生触电或短路事故。

（4）绝缘带平时不可放在温度很高的地方，也不可浸染油类。

🎯 技 能 训 练

1. 任务要求与步骤

（1）练习塑料硬线、塑料软线、塑料护套线、花线、漆包线等导线去绝缘层的方法。

（2）练习单股铜导线和多股铜导线的绞合连接、铜导线与铝导线的紧压连接。

（3）练习导线绝缘层的恢复。

2. 主要设备器件

（1）实训工作台。

（2）各种导线（塑料硬线、塑料软线、塑料护套线等）。

（3）各种电工工具。

3. 任务考核

根据任务要求与步骤，对任务完成情况进行考核，考核及评分标准如表 2.3.1 所示。

表2.3.1 任务考核评分表

评价类型	占比情况	序号	评价指标	分值	得分		
					自评	互评	教师评价
知识点和技能点	70	1	导线去绝缘层的练习	25			
		2	单股铜导线和多股铜导线的绞合连接	10			
		3	铜导线与铝导线的紧压连接	10			
		4	导线绝缘层的恢复练习	25			
职业素养	20	1	按时出勤，遵守纪律	3			
		2	专业术语用词准确、表述清楚	4			
		3	操作规范、正确	6			
		4	工具整理、正确摆放	4			
		5	团结协作、互助友善	3			
劳动素养	10	1	按时完成	3			
		2	保持工位卫生、整洁、有序	4			
		3	小组任务明确、分工合理	3			

4. 总结反思

总结反思如表2.3.2所示。

表2.3.2 总结反思

总结反思	
目标达成度：知识 ◎◎◎◎　　能力 ◎◎◎◎　　素养 ◎◎◎◎	
学习收获：	教师寄语：
问题反思：	签字：＿＿＿＿＿＿＿

5. 练习拓展

（1）如何进行铜导线或铝导线的紧压连接，紧压连接时需要注意什么问题？

（2）总结塑料硬线绝缘层的剖削步骤及注意事项。

（3）总结T形连接接头的绝缘恢复步骤及注意事项。

任务 2.4　手工焊接

任务描述

　　手工焊接是锡铅焊接技术的基础。尽管现代化企业已经普遍使用自动插装、自动焊接的生产工艺，但产品试制、生产小批量产品、生产具有特殊要求高可靠性产品（如航天技术中的火箭、人造卫星的制造）等还采用手工焊接。此外，在培养高素质电子技术人员、电子操作工人的过程中，手工焊接工艺也是必不可少的训练内容。本任务将介绍手工焊接技术，通过任务的学习，学生可以了解电烙铁的种类、结构、维护方法以及常见的焊接形式，掌握锡焊的步骤、焊接要领、注意事项、焊点的质量检验方法以及不良焊点产生的原因，熟练掌握手工焊接技术，并对给定电路进行设计、焊接、检查、调试和排障。

任务目标

　　掌握电烙铁的使用方法。

　　掌握手工焊接的一般步骤。

　　掌握手工焊接的焊接要领及注意事项。

　　通过对给定电路的设计、焊接、调试的过程，更好地掌握手工焊接方法。

　　熟练运用数字万用表进行电路的检查。

　　具备复杂电子电路的设计、焊接和调试的能力。

　　培养和提升独立分析问题、解决问题的能力，提高实践能力和知识的理解运用能力。

知识储备

2.4.1　电烙铁简介

1. 电烙铁的结构

　　电烙铁是组装和检修电子设备必备工具之一，在装配过程中，电烙铁是作为热源来熔化焊锡，从而达到焊接元件或拆卸元件目的的。常用的电烙铁有三种：内热式电烙铁、自动恒温电烙铁、外热式电烙铁。目前实训室常用的是内热式电烙铁。

　　内热式电烙铁的结构如图 2.4.1 所示，主要由外壳、手柄、烙铁头（焊头）、烙铁芯（发热元件）、电源线等组成。手柄由耐热的胶木制成，不会因电烙铁的热度而损坏。烙铁头由紫铜制成，它的质量好坏与焊接质量好坏有很大关系。烙铁芯是用很细的镍铬电阻丝在瓷管上绕制而成的，在常态下它的电阻值根据功率的不同为 $1 \sim 3 \text{ k}\Omega$。烙铁芯外壳一般由无缝钢管制成，因此不会因温度过热而变形。某些快热型电烙铁为黄铜管制成，由于传热快，不宜长时间通电使用，否则会损坏手柄。接线柱用铜螺钉制成，用来固定烙铁芯和电源线。

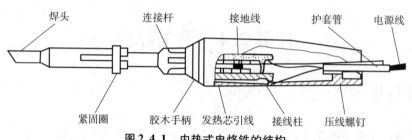

图 2.4.1　内热式电烙铁的结构

内热式电烙铁通电 2 min 后即可使用，由于热量直接传入烙铁头，热效率可达 85% 以上，烙铁头温度可达 350 ℃。

2. 检测电烙铁温度

电烙铁使用温度为 300 ℃ 左右，在施焊过程中，可用焊锡来估计烙铁的温度，具体方法如下：用焊锡接触烙铁头，若焊锡熔化并向四面伸展，即表示烙铁温度正常；若焊锡熔化后立即缩成圆珠状，表示烙铁温度过热。若焊锡不熔化或成糊状，表示烙铁的温度过低。电烙铁工作时要放在特制的烙铁架上，防止烫伤或烫坏其他物品。电烙铁的拿法如图 2.4.2 所示，有笔握式、正握式和反握式三种，焊接小型元器件一般采用笔握式拿法。

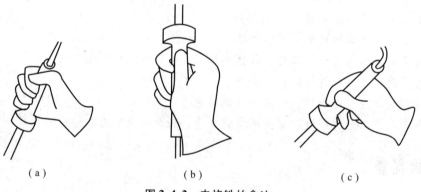

（a）　　　　　　　　（b）　　　　　　　　（c）

图 2.4.2　电烙铁的拿法

（a）反握式；（b）正握式；（c）笔握式

3. 电烙铁使用的注意事项

刚买来的电烙铁怎样启用？新烙铁接上电源通电 2~3 min 后，用手背渐渐靠近烙铁头，感到有热气发出，说明烙铁可以使用。接着用平锉刀在烙铁头部 3~5 mm 处锉出铜的光泽，然后用热烙铁沾一下松香再去挂锡（即在烙铁头镀上一层较厚的焊锡），这时就可以进行焊接。初学者要注意，只有挂上锡的烙铁才能使用，在电气设备检修中松香是最好的助焊剂。

初学焊接时，还要注意避免电烙铁停用后仍然长时间通电，否则烙铁头将"烧死"。所谓"烧死"是指烙铁头升温过高，烙铁头部的锡蒸发、氧化，不再保持锡层颜色而成黑褐色，烙铁头再也挂不上锡也无法进行焊接。这时只有用小刀将"烧死"部分重新刮光，才能再挂上锡。

准备好要焊接的元件并刮干净元件支脚表面的氧化层（可用小刀或砂纸来去除氧化

层），将电烙铁通电 2～3 min 后，蘸松香挂锡，然后先将元件支脚沾上一层松香，接着镀上一层焊锡，最后将元件焊到电路中。在焊接时，烙铁头挂锡量不能太多，太多要抖掉一些，同时烙铁头要蘸点松香或焊点处要有松香，这样才能焊得牢固。一般焊接时间不要超过 3 s，以免烫坏元件，每个焊点焊完后要静止几秒钟，待焊点自然凝固后才能搬弄元件。

初学者尤其要注意：在焊接时要避免因为担心烫坏晶体管等元件，以致焊接时间太短，焊接不牢，一拔就掉。

2.4.2　手工焊接技术

1. 焊接方式

在电子装配中，元件和电路的锡焊方式一般有四种，即绕焊、钩焊、搭焊和插焊，如图 2.4.3 所示。

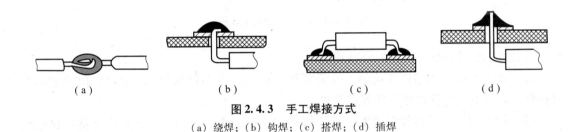

（a）　　　　　　　　（b）　　　　　　　（c）　　　　　　　（d）

图 2.4.3　手工焊接方式
（a）绕焊；（b）钩焊；（c）搭焊；（d）插焊

1）绕焊

绕焊是将被焊元器件的引脚或导线端头等在焊件上缠绕一圈半，以增加焊接点强度的焊接方法。采用这种方法焊接强度最牢。

2）钩焊

钩焊也称弯焊，是将被焊元器件的引脚或导线端头等插入焊孔改变其方向，形成钩焊的焊接方法。钩焊能使元器件和导线不易脱离，但机械强度不如绕焊，它适用于不便绕焊但要求有一定机械强度的接点上。

3）搭焊

搭焊是将被焊元器件的引脚或导线端头等贴在焊件上的焊接方法。这种焊接方法适用于要求便于调整和改焊的焊接点上，通常进行测试、调试或电路板焊盘无插孔时采用这种方法。

4）插焊

插焊时将元器件引脚或导线端头等插入焊孔，与电路板成垂直进行焊接的焊接方式，它适用于带孔插头座、插针、插孔和印制电路板的焊接，是电子装配中最多的焊接方式。

2. 焊接步骤

掌握好电烙铁的温度和焊接时间，选择恰当的烙铁头和焊点的接触位置，才可能得到良好的焊点。正确的手工焊接操作过程可以分为五个步骤（图 2.4.4）：

（1）准备施焊：焊接之前首先要检查电烙铁，烙铁头要保持清洁、无焊渣等氧化物，处于带锡状态，即可焊状态。一般左手拿焊锡丝，右手拿电烙铁，将烙铁头和焊锡丝靠近，

手工焊接技能技巧

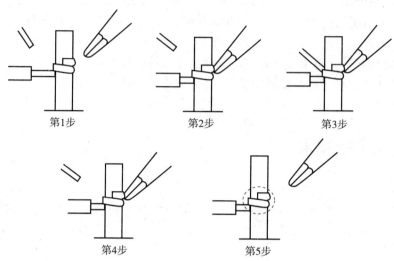

第1步　　　　　第2步　　　　　第3步

第4步　　　　　第5步

图 2.4.4　手工焊接五个步骤

处于随时可以焊接的状态，同时认准位置。

（2）加热焊件：将烙铁头接触待焊元器件的焊点，将上锡的烙铁头沿 45°角的方向贴紧被焊元器件引线进行加热，使焊点升温。

（3）熔化焊锡：元器件引线加热到能熔化焊锡的温度后，沿 45°方向及时将焊锡丝从烙铁头的对侧触及焊接处的表面，接触焊件熔化适量焊锡。

（4）撤离焊锡丝：熔化适量的焊锡丝之后迅速将焊锡丝移开。

（5）撤离电烙铁：焊接点上的焊锡接近饱满、焊锡丝充分浸润焊盘之后，将电烙铁和焊件、焊锡以 45°角的方向离开，这样可以形成一个光亮圆滑的焊点，完成一个焊点全过程所用时间 2~4 s 最佳，时间不能过长。

按以上步骤进行焊接是获得良好焊点的关键之一。在实训过程中，最容易出现的一种错误操作就是烙铁头不是先与被焊件接触，而是先与焊锡丝接触，熔化的焊锡滴落在尚未预热的被焊部件，这样很容易产生焊点虚焊，所以一定注意，烙铁头必须先与被焊件接触，对被焊件进行预热是防止产生虚焊的重要手段。

3. 焊接要领

1）烙铁头与两被焊件的接触方式

（1）接触位置：烙铁头应同时接触要相互连接的两个被焊件（如引脚和焊盘），烙铁一般倾斜 45°，同时避免只与其中一个被焊件接触。当两个被焊件热容量悬殊时，应适当调整烙铁倾斜角度，烙铁与焊接面的倾斜角适当减小，使热容量较大的被焊件与烙铁的接触面积增大，热传导能力加强。两个被焊件能在相同的时间里达到相同的温度，被视为加热理想状态。

（2）接触压力：烙铁头与被焊件接触时应略施压力，热传导强弱与施加压力大小成正比，但应以对被焊件表面不造成损伤为原则。

2）焊锡丝的供给方法

铜箔和元件加热到适当温度时，焊锡丝先在铜箔与元件的共有点处加微量焊锡，为提

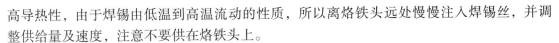

高导热性，由于焊锡由低温到高温流动的性质，所以离烙铁头远处慢慢注入焊锡丝，并调整供给量及速度，注意不要供在烙铁头上。

3）焊接时间

焊接过程中要掌握好焊接时间，焊接时间不宜过长，否则容易烫坏元件，必要时可用镊子夹住管脚帮助散热，通常以一个焊点 2～4 s 最为合适。

4）焊接注意事项

（1）焊接前要观察各焊点焊盘上是否光洁、氧化等。

（2）焊接时要经常清洗烙铁头，防止由于烙铁头的杂物造成虚焊、针孔、假焊等不良情况，同时也提高焊接质量。清洗时，一般可用清洁海绵（清洁海绵不仅可以擦掉烙铁头使用后的焊渣和松香渣，而且海绵里含有的水分可以暂时调节烙铁头的温度）。

（3）执锡补焊时应按照从左到右、从上到下的顺序，避免检查时漏检或焊接时漏焊。

（4）焊接过程中不能抖锡、敲锡、甩锡，防止焊锡渣、焊锡珠掉到其他地方。

（5）在压件或拆件时，要先在线路的铜箔上加焊锡，要求均匀受热，达到焊锡熔化成液体状时拆压元件，以免造成松香失效或铜箔翘皮。

4. 标准焊点的特点

标准焊点如图 2.4.5 所示，标准焊点有以下特点：

（1）焊点呈内弧型。

（2）焊点要饱满、光滑、无针孔、有良好的机械强度，不应有毛刺、空隙、砂眼、气孔等现象，无松香渍且浸润良好。

（3）焊点要有清晰的引线轮廓，无包焊、无锡尖。

（4）焊点要光亮且大小均匀。

（5）焊点之间不应出现搭焊、碰焊、连桥、溅锡等现象。

（6）焊锡应覆盖整个焊盘，至少覆盖 95% 以上。

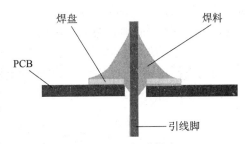

图 2.4.5 标准焊点

2.4.3 元器件在电路板上的安装

元器件在安装中需要注意以下几点：

（1）在进行装配前必须根据元件清单逐一核对并对元件进行测量。

（2）焊接装配顺序一般应是先小后大、先一般元件后特殊元件。

（3）元器件焊接前要先镀锡，必要时进行去污处理，确保焊接点有良好的着锡度，确保焊接质量。

（4）元器件在焊接前应摆放合理，标志字迹要外露，便于核对。元器件的插装方式可以有立式和卧式，如图 2.4.6 所示。

（5）同类、同体积元器件预留高度应一致。

（6）有极性元器件，应注意极性不能焊错。如电解电容极性接反会造成介质导通，漏电流增大，温度升高过快，引起爆炸。

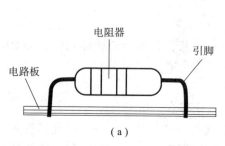 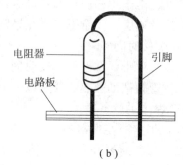

（a）　　　　　　　　　　　　　　　　　　（b）

图2.4.6　手工焊接方式

（a）卧式安装；（b）立式安装

（7）焊接时间：一般不超过3 s（指电烙铁头在焊点上停留的时间），但也不宜时间过短。

（8）焊接好后的元器件多余引线在距离焊点1~2 mm处剪掉。

（9）连接导线焊接前也应先镀锡，芯线裸露部分应尽量短（避免因裸露部分过长与其他元器件接触发生短路）。

（10）要经常清理烙铁头，保持烙铁头清洁，使其有较好的着锡度，保证焊接质量。

（11）电烙铁不用时应及时放在烙铁架上，不可乱放，以免造成烫伤或烫坏物品。电源线不要与烙铁头接触，以免烫坏绝缘发生触电或短路，长时间不用时，应及时断电。

图2.4.7所示为部分元器件安装示意图。

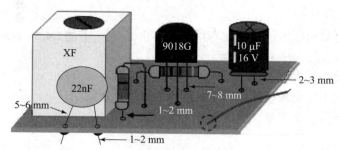

图2.4.7　部分元器件安装示意图

2.4.4　元器件的拆除

如果焊接后发现焊接错误则应及时拆除该元件并进行重新焊接。元器件的拆除方法主要有以下几种：

1）直接拆除法

直接拆除法适用于一般元器件（或管脚比较少的元器件），如电阻、二极管、稳压管、导线等具有2~3个管脚的元器件。其方法是用电烙铁给被焊接点加热，用镊子夹住被拆元件引线，将其取下。

2）专业工具拆除法

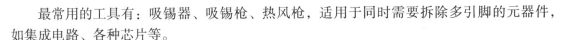

最常用的工具有：吸锡器、吸锡枪、热风枪，适用于同时需要拆除多引脚的元器件，如集成电路、各种芯片等。

（1）使用手动吸锡器拆除元器件。

利用电烙铁加热引脚焊锡，用吸锡器吸取焊锡。具体拆卸步骤为：右手以笔握式持电烙铁，使其与水平位置的电路板呈35°左右夹角，左手以拳握式持吸锡器，拇指操控吸锡按钮。使吸锡器呈近乎垂直状态向左倾斜约5°为宜，方便操作。首先调整好电烙铁温度，以2 s内能顺利烫化焊点锡为宜。将电烙铁头尖端置于焊点上，使焊点融化，移开电烙铁的同时，将吸锡器放在焊盘上按动吸锡按键，吸取焊锡。

（2）使用吸锡枪拆除直插式元器件。

吸锡枪具有真空度高、温度可调、防静电及操作简便等特点，可拆除所有直插式安装的元器件。具体拆卸步骤为：选择内径比被拆元器件的引线直径大0.1~0.2 mm的烙铁头。待烙铁达到设定温度后，对正焊盘，使吸锡枪的烙铁头和焊盘垂直轻触，焊锡熔化后，左右移动吸锡头，使金属孔内的焊锡全部熔化，同时启动真空泵开关，即可吸净元器件引脚上的焊锡。按上述方法，将被拆元器件其余引脚上的焊锡逐个吸净。接着用镊子检查元器件每个引脚上的焊锡是否全部吸净，若未吸净，则用烙铁对该引脚重新补锡后再拆。重新补锡焊接的目的是使新焊的焊锡与过孔内残留的焊锡熔为一体，再解焊时热传递漫流就形成了通导，只有这么做，元器件引脚与焊盘之间的粘连焊锡才能吸干净。

（3）使用热风枪拆除表面贴装器件。

热风枪为点热源，对单个元器件的加热较为迅速。将热风枪的温度与风量调到适当位置，对准表面贴装器件进行加热，同时振动印刷电路板，使表面贴装件脱离焊盘。

注意：在拆除电子元器件时，无论采用哪种方法，都应注意电烙铁在焊点上加热时间不宜过长，不应损坏元器件和印制电路板上的铜箔或焊盘。

🎯 技能训练

1. 任务要求与步骤

（1）运用所学知识对图2.4.8所示电路进行分析。

（2）结合电路板进行实际电路的布局和设计。

（3）用电烙铁进行元件的焊接。

（4）结合数字万用表对焊接电路进行检查。

（5）电路检查无故障情况下，带电进行调试。

（6）运用示波器观察波形。

2. 主要设备器件

（1）实训工作台。

（2）电路图对应的各种元器件实物、电路板。

（3）数字万用表。

（4）直流稳压电源、信号源、示波器。

（5）手工焊接工具（电烙铁、烙铁架、吸锡器、镊子、松香、焊锡丝等）。

（6）导线。

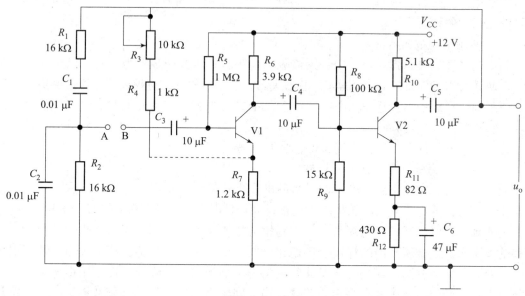

图 2.4.8　电路

3. 注意事项

（1）电烙铁只有挂上锡才可使用。

（2）电烙铁长时间不用时要及时断电。

（3）焊接时，遵循先小型器件后大型器件，先简单元件后复杂元件的顺序。

（4）焊接电子元件引脚不超过 3 s，否则会使元件过热损坏。

（5）焊接过程中，保持实训室通风。

（6）按规程操作，防止发生触电事故。

4. 任务考核

根据任务要求与步骤，对任务完成情况进行考核，考核及评分标准如表 2.4.1 所示。

表 2.4.1　任务考核评分表

评价类型	占比情况	序号	评价指标	分值	得分		
					自评	互评	教师评价
知识点和技能点	70	1	电路工作原理分析	10			
		2	电路板布局及设计	15			
		3	电路板的焊接	20			
		4	电路的检查和调试	15			
		5	直流稳压电源、信号源和示波器的正确使用	10			

续表

评价类型	占比情况	序号	评价指标	分值	得分		
					自评	互评	教师评价
职业素养	20	1	按时出勤，遵守纪律	3			
		2	专业术语用词准确、表述清楚	4			
		3	操作规范	6			
		4	工具整理、正确摆放	4			
		5	团结协作、互助友善	3			
劳动素养	10	1	按时完成	3			
		2	保持工位卫生、整洁、有序	4			
		3	小组任务明确、分工合理	3			

5. 总结反思

总结反思如表 2.4.2 所示。

表 2.4.2　总结反思

总结反思	
目标达成度：知识 ⊙⊙⊙⊙　　　能力 ⊙⊙⊙⊙　　　素养 ⊙⊙⊙⊙	
学习收获：	教师寄语：
问题反思：	签字：＿＿＿＿＿＿＿＿

6. 练习拓展

（1）简述手工焊接的基本步骤。

（2）规范的焊点应当满足什么条件？

（3）焊接时，为什么先焊接小型器件后大型器件，先焊接简单元件后复杂元件？

（4）简述手工焊接的基本要求。

项目三

安全用电

项目概述

伴随着科技的日益发展，电能的使用成了极其普遍的事情。从国防科技、工农业生产、交通运输到我们的日常生活，几乎处处都离不开电。在用电过程中，如果不规范操作或者安装、运行用电设备时发生供电事故，不仅会造成设备损坏，严重时还可能导致人身伤亡，所以，做到安全供电、用电，对电工从业人员是非常重要的。同时在使用电时，不仅要提高思想认识，还要了解安全用电知识并掌握一定的急救技能，避免触电事故的发生，更好地保证人身、设备和电力系统的安全。

本章将从电能的产生及电力系统的组成、电流对人体的伤害、防止触电保护措施和触电急救等方面介绍安全用电的相关内容。

项目目标

了解电能的产生及电力系统的组成。
了解不同电流对人体的伤害情况。
掌握触电保护措施。
掌握脱离电源的方法。
掌握触电急救的方法和步骤。
具备对触电者进行现场救护的能力。
具备安全用电的常识。
培养合作意识和能力。
培养严谨、认真、负责的工作态度。

任务 3.1　认识电力系统的结构与组成

任务描述

电能是二次能源，电能的生产、传输与分配是通过电力系统来实现的，电力系统是由发电厂、输电网、配电网和电力用户组成的整体，是将一次能源转换成电能并输送和分配到用户的统一系统。输电网和配电网统称为电网，是电力系统的重要组成部分。本任务将介绍电力系统的结构及组成部分，通过任务学习，学生可以了解电力系统的结构组成，了解电力系统中电能用户的分类，理解各等级用户对电源的要求。

任务目标

了解电力系统的结构和组成。
了解电力系统中用户的分类方法。
理解不同等级用户的电源供电要求。
培养举一反三、触类旁通的学习能力。
培养对社会的责任心和使命感。

知识储备

3.1.1　认识电力系统的结构与组成

电力系统的组成

1. 发电厂

发电厂又称发电站，是将自然界多种形式的能源转换为电能的工厂，是电能产生的主要方式，在电力系统中处于核心地位。根据所利用的能源不同，发电厂可以分为水力发电厂、火力发电厂、热电厂、核电厂、风力发电厂和太阳能发电厂等。目前，我国和世界大多数国家主要以火力发电为主，但近些年，清洁能源的发电量比重也正在逐年增加。

2. 变配电所

变配电所（站）是变电所和配电所的统称。变电所是接收电能、改变电压和分配电能的场所，是联系发电厂和电能用户的中间枢纽。变电所有升压变电所和降压变电所之分，升压变电所的任务是将低电压变为高电压，一般建在发电厂，实现高压输电以减小线路损耗；降压变电所的任务是将高电压降到一个合理的电压等级，以满足用电设备的电压等级需求，一般建在靠近负荷中心的地点。

配电所主要用来接收和分配电能，不承担变换电压的任务。在配电过程中，通常把动力用电和照明用电分别配电，即把各动力配电线路和照明线路分开，这样可以缩小局部故障带来的影响。一般大中型工厂都有自己的变配电所。

3. 电力线路

发电厂一般都建在远离城市的能源产地或水陆运输方便的地方，因此发电厂发出的电能必须要用输电线进行远距离输送，以供给不同的电能消费场所使用。电力线路是把发电厂、变配电所和电能用户联系起来的纽带，能够完成输送电能和分配电能的任务。电力线路是输电线路和配电线路的总称。输电线路是将发电厂的电能输送到负荷中心，它的特点是线路较长、电压等级较高。配电线路是将负荷中心的电能配送到各个电能用户，它的特点是线路较短、电压等级较低。一般规定电压等级在 35 kV 及以上的电力线路称为输电线路，电压等级在 10 kV 及以下的电力线路称为配电线路。

目前，世界各国均采用高压输电，并不断的由高压（110～220 kV）向超高压（330～750 kV）和特高压（750 kV 以上）升级。我国目前高压输电的电压等级有 110 kV、220 kV、330 kV、500 kV、750 kV 等多种。配电线路分为高压配电线路（110 kV）、中压配电线路（1～35 kV）和低压配电线路（220/380 V）。

4. 电能用户

电能用户是指所有消耗电能的用电设备或单位，负荷是用户或用电设备的总称。结合电力的特殊性，目前供电企业对电能用户主要有以下几种分类。

按客户用电量可以分为大客户与中、小客户。

按电价类别可分为工业用电、农业用电、商业用电与居民生活用电等客户。一般情况下工业用电电压等级为 10 kV、35 kV、110 kV，居民生活用电的电压等级为 10 kV 以下。

按用户负荷的重要程度可以分为一级负荷、二级负荷和三级负荷（电力用户的这种分类方法，其主要目的是为确定供电工程设计和建设标准，保证使建成投入运行的供电工程其供电可靠性能满足生产或安全、社会安定的需要）。一级负荷是指突然中断供电将会造成人身伤亡或引起周围环境严重污染，国民经济造成重大损失，甚至造成社会秩序严重混乱或在政治上产生严重影响的用户，如机场、轨道交通枢纽、铁路调度中心、危险化学品生产企业、重要水利枢纽大坝等。二级负荷是指突然中断供电会造成经济上较大损失，造成社会秩序混乱或政治上产生较大影响的用户，如重要科研单位、医院、金融中心、重要国防军工单位、地震、气象、防汛等监控指挥、预报中心等。三级用户是指除一级用户和二级用户之外的其他用户。各级电力负荷对供电电源的要求如下：

（1）一级负荷：要求由两个电源供电，当一个电源发生故障时，另一个电源应不致同时受到损坏；对一级负荷中特别重要的负荷，除要求有上述两个电源外，还要求增设应急电源；常用的应急电源有：独立于正常电源的发电机组、干电池、蓄电池、供电系统中有效地独立于正常电源的专门供电线路。

（2）二级负荷：要求做到当发生电力变压器故障时不致中断供电，或中断后能迅速恢复供电。通常要求两回路供电，供电变压器也应有两台。

（3）三级负荷对供电电源没有特殊要求。

📌 技能训练

1. 任务要求与步骤

（1）总结电力系统的几个组成部分，并说明每部分的作用。

（2）总结自己所了解的一次能源形式，并查阅资料，简单说明能量转换的过程（至少3种）。

（3）结合电能用户的划分依据，列举自己所了解的一级用户、二级用户和三级用户（各级用户至少列举3个）。

2. 任务考核

根据任务要求与步骤，对任务完成情况进行考核，考核及评分标准如表 3.1.1 所示。

表 3.1.1 任务考核评分表

评价类型	占比情况	序号	评价指标	分值	得分		
					自评	互评	教师评价
知识点和技能点	60	1	正确总结电力系统的组成及各部分作用	20			
		2	列举一次能源形式，总结能量转换过程	25			
		3	列举各级电能用户	15			
职业素养	25	1	按时出勤，遵守纪律	5			
		2	专业术语用词准确、表述清楚	5			
		3	工具整理、正确摆放	5			
		4	团结协作、互助友善	5			
		5	具备安全用电常识	5			
劳动素养	15	1	按时完成	5			
		2	保持工位卫生、整洁、有序	5			
		3	小组任务明确、分工合理	5			

3. 总结反思

总结反思如表 3.1.2 所示。

表 3.1.2 总结反思

总结反思	
目标达成度：知识 ©©©© 能力 ©©©© 素养 ©©©©	
学习收获：	教师寄语：
问题反思：	签字：_____

4. 练习拓展

（1）查阅资料，了解目前的新能源形式，并说明新能源较传统能源的优势所在。

（2）观察学校内的变电所，进一步了解并总结变电所的具体作用？

（3）输电线路的作用是什么？它包括哪几种形式？

任务 3.2 安全用电方法措施

🎯 任务描述

在用电过程中，如果不规范操作或者安装、运行用电设备时发生供电事故，不仅会造成设备损坏，严重时还可能导致人身伤亡，所以，做到安全供电、用电，对电工从业人员是非常重要的。本任务将介绍触电的两种类型及几种常见的触电方式。通过内容学习，学生可以了解触电的概念及电流对人体伤害的两种类型；理解造成触电伤亡的主要因素及触电的方式，并在生活和工作中更好地避免触电事故的发生；了解安全电压概念及人体安全电压的大小；掌握触电保护的措施和方法。

🎯 任务目标

了解触电的概念及类型。

熟记电流对人体的伤害及安全电压、电流等概念。

理解常见的触电方式。

掌握触电的预防措施。

掌握安全用电的方法。

培养严谨务实、认真负责的工作态度。

培养认真遵守职业道德和职业纪律，表现良好的职业作风。

🎯 知识储备

触电类型

3.2.1 触电的概念及类型

当人体触及带电体，或带电体与人体之间由于距离近、电压高产生闪击放电、或电弧烧伤人体表面，对人体所造成的伤害都叫触电。

电流对人体的伤害，一般分为两种类型：

（1）电击伤：是由于电流通过人体内而造成的内部器官在生理上的反应和病变，主要破坏人的心脏、肺及神经系统的正常工作，如刺痛、灼热感、麻痹、昏迷、心室颤动或停跳、呼吸困难或停止等现象。电流对人体造成死亡绝大多数是电击所致。

（2）电伤：电流对人体造成的外伤，如电灼伤、电烙印、皮肤金属化等。

①电灼伤：指电弧对人体外表造成的伤害，主要是局部的热、光效应，轻者只见皮肤灼伤，严重者的灼伤面积大并可深达肌肉、骨骼。电灼伤分为接触灼伤和电弧灼伤两种。接触灼伤发生在高压触电事故时，在电流通过人体皮肤的进出口处造成的灼伤，一般进口处比出口处灼伤严重。接触灼伤面积较小，但深度可达三度。灼伤处皮肤呈黄褐色，可搏击皮下组织、肌肉、神经和血管，甚至使骨骼碳化。由于伤及人体组织深层，伤口难以愈合，有的甚至需要几年才能结痂。

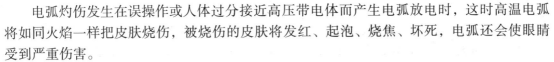

电弧灼伤发生在误操作或人体过分接近高压带电体而产生电弧放电时，这时高温电弧将如同火焰一样把皮肤烧伤，被烧伤的皮肤将发红、起泡、烧焦、坏死，电弧还会使眼睛受到严重伤害。

②电烙印：电烙印是发生在人体与带电体有良好接触的情况下，在皮肤表面将留下和被接触带电体形状相似的肿块痕迹，有时在触电后并不立即出现，而是相隔一段时间后才出现。电烙印一般不发炎或者化脓，但往往造成局部麻木和失去知觉。

③皮肤金属化：由于电弧的温度极高（中心温度可达 6 000 ～ 10 000 ℃），可使其周围的金属熔化、蒸发并飞溅到皮肤表面而使皮肤表面变得粗糙坚硬，肤色与金属种类有关，或灰黄（铅），或绿（紫铜），或蓝绿（黄铜），金属化后的皮肤经过一段时间会自行脱落，一般不会留下不良后果。

影响触电伤亡的主要因素一般有以下几方面：

（1）通过人体电流的大小。根据电击事故分析得出：当工频电流为 0.5 ～ 1 mA 时，人就有手指、手腕麻或痛的感觉；当电流增至 8 ～ 10 mA，针刺感、疼痛感增强发生痉挛而抓紧带电体，但终能摆脱带电体；当接触电流达到 20 ～ 30 mA 时，会使人迅速麻痹不能摆脱带电体，而且血压升高、呼吸困难；当电流为 50 mA 时，就会使人呼吸麻痹，心脏开始颤动，数秒钟后就可致命。通过人体电流越大，人体生理反应越强烈，病理状态越严重，致命的时间就越短。

（2）通电时间的长短。电流通过人体的时间越长后果越严重，这是因为时间越长时，人体的电阻就会降低，电流就会增大。同时人的心脏每收缩、扩张一次，中间有 0.1 s 的间隙期，在这个间隙期内，人体对电流作用最敏感。所以触电时间越长与这个间隙期重合的次数越多，从而造成的危险也就越大。

（3）电流通过人体的途径。当电流通过人体的内部重要器官时，后果就严重。例如通过头部，会破坏脑神经，使人死亡；通过脊髓，就破坏中枢神经，使人瘫痪；通过肺部会使人呼吸困难；通过心脏，会引起心脏颤动或停止跳动而死亡。这几种伤害中，以心脏伤害最为严重。根据事故统计可以得出：通过人体途径最危险的是从手到脚，其次是从手到手，危险最小的是从脚到脚，但可能导致二次事故的发生。

（4）电流的种类。电流可分为直流电、交流电。交流电可分为工频电和高频电。这些电流对人体都有伤害，但伤害程度不同。人体忍受直流、高频电的能力比工频电强，所以工频电对人体的危害最大。

（5）触电者的健康状况。电击的后果与触电者的健康状况有关。根据实践资料统计，认为肌肉发达者和成年人比儿童摆脱电流的能力强，男性比女性摆脱电流的能力强。电击对患有心脏病、肺病、内分泌失调及精神病等的患者最危险，他们的触电死亡率最高。另外，对触电有心理准备的，触电伤害轻。

3.2.2　触电方式

引起触电的方式有很多，大致可以归纳为以下几种。

1. 直接触电

直接触电是指人体直接接触或过分靠近电气设备及线路的带电导体而发生的触电现象。

直接触电有单相触电和两相触电两种。

单相触电是指人站在地面或其他接地体上，人体的某一部位触及单相带电体所引起的触电，有时对于高压带电体，人体虽未直接接触，但由于高电压超过了安全距离，高压带电体对人体放电，造成单相接地而引起的触电也属于单相触电，如图 3.2.1 所示。单相电路中的电源相线与零线（或大地）之间的电压是 220 V，则加在人体上的电压约为 220 V，这远高于 36 V 的安全电压，这时电流就通过人体流入大地而发生单相触电事故。单相触电的危害程度与电压高度、电网中性点的接地方式、带电体对地绝缘等因素有关。单相触电事故占触电事故的 70% 以上。

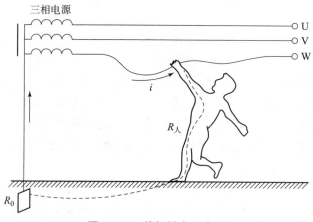

图 3.2.1　单相触电示意图

两相触电是指人体有两处同时接触带电设备或带电导线其中两相时，或在高压系统中人体同时接近不同相的两相带电导体，而发生闪击放电，电流通过人体从某一相流入另一相的触电方式，如图 3.2.2 所示。这种事故多发生在带电检修或安装电气设备时。发生两相触电时，由于人体同时接触的是两根相线，所承受的电压为线电压，故其危险性要比单相触电大。

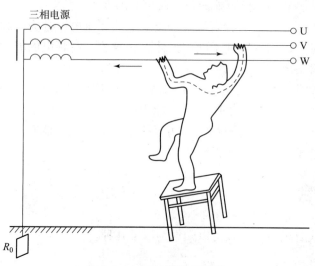

图 3.2.2　两相触电示意图

2. 间接触电

间接触电是指电流经接地体或导体落地点呈半球形向地中流散。在距电流入地点越近的地方，电位越高；在距电流入地点越远的地方，电位越低。在距离电流接入点 20 m 以外的地方，电位接近于零。跨步电压触电即为典型的间接触电方式。当输电线出现短路故障，输电线掉落在地上，导致以此电线掉落地点为圆心，输电线周围地面产生一个相当大的电场，离圆心越近电位越高，离圆心越远则电位越低。在距离电线落地点 1 m 范围内，约有 68% 的电压降；在 2 ~ 10 m，约有 24% 的电压降；在 11 ~ 20 m，约有 8% 的电压降；距离电线 20 m 外，对地电压基本为零。

当人走进距圆心 10 m 以内，双脚迈开时，由于两脚所接触不同的位置，故两脚之间存在一定的电位差，称为跨步电压，如图 3.2.3 所示。此时，电流从电位高的一脚流入，从电位低的一脚流出而使人体触电。人体触及跨步电压而造成的触电称为跨步电压触电。

图 3.2.3　跨步电压触电

发生跨步电压触电时，电流是沿着人的下身，从脚经腿、胯部又到脚与大地形成通路（即仅通过下半身），没有经过人体的重要器官，所以一般不会危及人的生命，但人体会有明显感觉。若受到的跨步电压作用较大时，双脚会抽筋，使身体倒在地上，这不仅使作用于身体上的电流增加，而且使电流经过人体的路径改变，极有可能流经人体重要器官，如从头到手或脚，从而造成人员死亡事故。经验证明，人倒地后电流在体内持续作用 2 s 就会致命。

3.2.3　触电的预防措施

1. 安全电压的概念

根据生产和作业场所的特点，采用相应等级的安全电压，是防止发生触电伤亡事故的根本性措施。国家标准《安全电压》（GB 3805—2008）规定我国安全电压额定值的等级为42 V、36 V、24 V、12 V 和 6 V，应根据作业场所、操作员条件、使用方式、供电方式、线路状况等因素选用。

2. 人体安全电压

人体安全电压为不高于 36 V，持续接触安全电压为 24 V，安全电流为 10 mA。电击对人体的危害程度，主要取决于通过人体电流的大小和通电时间长短。电流强度越大，致命危险越大；持续时间越长，死亡的可能性越大。人体电阻除人的自身电阻外，还应附加上人体以外的衣服、鞋、裤等电阻。当人体电阻一定时，人体接触的电压越高，通过人体的电流就越大，对人体的伤害也就越严重。

3. 人体对电流的反应

电流对人体的伤害

以工频电流为例，当 1 mA 左右的电流通过人体时，会产生麻刺等不舒服的感觉；10 ~ 30 mA 的电流通过人体，会产生麻痹、剧痛、痉挛、血压升高、呼吸困难等症状，但通常不致有生命危险；电流达到 50 mA 以上，就会引起心室颤动而有生命危险；100 mA 以上的电流，足以致人于死地。

伤害程度与通电时间的关系：电流通过人体的时间越长，则伤害越大。

伤害程度与电流途径的关系：电流通过心脏会导致神经失常、心跳停止、血液循环中断，危险性最大。电流流经从右手到左脚的路径是最危险的。

伤害程度与电流种类的关系：电流频率在 40 ~ 60 Hz 对人体的伤害最大。

伤害程度与人体状况的关系：电流对人体的作用，女性较男性敏感；小孩遭受电击较成人危险；同时与体重有关系。电流对人体的伤害如表 3.2.1 所示。

表 3.2.1 电流对人体的伤害

电流/mA	50 Hz 交流电	直流电
0.6 ~ 1.5	手指开始感觉发麻	无感觉
2 ~ 3	手指感觉强烈发麻	无感觉
5 ~ 7	手指肌肉感觉痉挛	手指感灼热和刺痛
8 ~ 10	手指关节与手掌感觉痛，手已难以脱离电源，但尚能摆脱电源	手感灼热增加
20 ~ 25	手指感觉剧痛，迅速麻痹，不能摆脱电源，呼吸困难	灼热更增，手的肌肉开始痉挛
50 ~ 80	呼吸麻痹，心房开始震颤	强烈灼痛，手的肌肉痉挛，呼吸困难
90 ~ 100	呼吸麻痹，持续 3 min 或更长时间后，心脏麻痹或心房停止跳动	呼吸麻痹

4. 人体模型电阻

当人体接触带电体时，人体就被当作一电路元件接入回路。人体阻抗通常包括外部阻抗（与触电当时所穿衣服、鞋袜以及身体的潮湿情况有关，从几千欧至几十兆欧不等）和内部阻抗（与触电者的皮肤阻抗和体内阻抗有关）。人体阻抗不是纯电阻，主要由人体电阻决定。人体电阻也不是一个固定的数值。一般认为干燥的皮肤在低电压下具有相当高的电阻，约 100 kΩ。当电压在 500~1 000 V 时，这一电阻便下降为 1 000 Ω。表皮具有这样高的电阻是因为它没有毛细血管。手指某部位有角质层的皮肤的电阻值更高，而不经常摩擦部位的皮肤的电阻值是最小的。皮肤电阻还同人体与带电体的接触面积及压力有关。当表皮受损暴露出真皮时，人体内因布满了输送盐溶液的血管而具有很低的电阻。一般认为，接触到真皮里，一只手臂或一条腿的电阻大约为 500 Ω。因此，由一只手臂到另一只手臂或由一条腿到另一条腿的通路相当于一只 1 000 Ω 的电阻。假定一个人用双手紧握带电体，双脚站在水坑里而形成导电回路，这时人体电阻基本上就是体内电阻（约为 500 Ω）。一般情况下，人体电阻可按 1 000~2 000 Ω 考虑。

5. 安全用电的措施

（1）建立健全安全管理制度和操作规程，普及安全用电常识。

（2）电气设备采用保护接地和保护接零。

电气设备的保护接地和保护接零是为了防止人体触及绝缘损坏的电气设备所引起的触电事故而采取的有效措施。

保护接地：保护接地是为防止电气装置的金属外壳、配电装置的构架和线路杆塔等带电危及人身和设备安全而进行的接地，如图 3.2.4 所示。所谓保护接地就是将正常情况下不带电，而在绝缘材料损坏后或其他情况下可能带电的电器金属部分（即与带电部分相绝缘的金属结构部分）用导线与接地体可靠连接起来的一种保护接线方式。接地保护一般用于配电变压器中性点不直接接地（三相三线制）的供电系统中，用以保证当电气设备因绝缘损坏而漏电时产生的对地电压不超过安全范围。

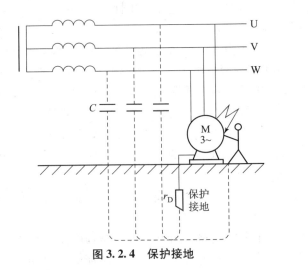

保护接地和
保护接零

图 3.2.4 保护接地

保护接零：将电气设备的金属外壳或构架与电网的中性线（零线）相连接，如图 3.2.5 所示。保护接零适用于电源中性点接地的三相四线制供电系统中。

在电压低于 1 000 V 的接零电网中，若电工设备因绝缘损坏或意外情况而使金属外壳带电时，形成相线对中性线的单相短路，则线路上的保护装置（自动开关或熔断器）迅速动作，切断电源，从而使设备的金属部分不至于长时间存在危险的电压，这就保证了人身安

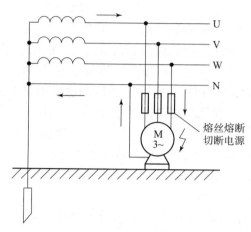

熔丝熔断
切断电源

图 3.2.5 保护接零

全。多相制交流电力系统中，把星形连接的绕组的中性点直接接地，使其与大地等电位，即为零电位。由接地的中性点引出的导线称为零线。在同一电源供电的电工设备上，不容许一部分设备采用保护接零，另一部分设备采用保护接地。因为当保护接地的设备外壳带电时，若其接地电阻 r_D 较大，故障电流 I_D 不足以使保护装置动作，则因工作电阻 r_D 的存在，使中性线上一直存在电压 $U_0 = I_D r_D$，此时保护接零设备的外壳上长时间存在危险的电压 U_0，危及人身安全。

保护接地既适用于一般不接地的高低压电网，也适用于采取了其他安全措施（如装设漏电保护器）的低压电网；保护接零只适用于中性点直接接地的低压电网。

（3）安装漏电保护装置。

漏电保护装置是用来防止由电气设备漏电引起的触电事故和单相触电事故的一种接地保护装置，当电路或用电设备漏电电流大于装置的整定值，或人、动物发生触电危险时，它能迅速动作，切断事故电源，避免事故的扩大，保障了人身、设备的安全。因此，漏电保护开关的正确选用和维护管理工作是做好安全用电的主要技术、管理措施。

（4）对一些特殊电气设备或潮湿场所，采用安全电压供电。

我国规定工频有效值 42 V、36 V、24 V、12 V 和 6 V 为安全电压。

（5）注意防雷防火。

常见的防雷措施有安装避雷针、避雷线、避雷网、避雷器、保护间隙、设备外壳可靠接地等。

电气火灾一般是指由于电气线路、用电设备、器具以及供配电设备出现故障性释放的热能（如高温、电弧、电火花）以及非故障性释放的能量（如电热器具的炽热表面，在具备燃烧条件下引燃本体或其他可燃物而造成的火灾，也包括由雷电和静电引起的火灾）。造成电气火灾的原因有很多，主要包含电气线路的安装、施工存在违章操作，缺少对电气设施的检查和维护管理，以及电气设备及线路的选型不当，所以必须要采取综合性的措施，加强对各个环节的管理，预防电气火灾。

技能训练

1. 任务要求与步骤

（1）结合书中内容，查阅资料，了解人体模型。

（2）画出人体模型并搭建人体模型线路图，测量人体电阻和人体模型电阻值，并将结果填写在表3.2.2中。

表3.2.2　电阻测量值

人体电阻		人体模型电阻				
两手干燥	两手湿润	左臂	右臂	躯干	左腿	右腿

（3）为人体模型施加一定的电压，计算此时通过人体的电流及对应测量的通过人体模型的电流值，将计算值和测量值填写在表3.2.3中。

表3.2.3　电流计算值和测量值

路径	两手之间	单手到单脚	双手到双脚
计算值/mA			
测量值/mA			

（4）了解不同大小的电流对人体的影响。

2. 主要设备器件

（1）实训工作台（含三相电源、端子排等）。

（2）导线若干。

（3）数字万用表、电流表。

（4）人体模型电阻对应的实物电阻。

（5）直流稳压电源。

（6）各种电工工具。

3. 注意事项

（1）实践操作前充分了解电流对人体的伤害及电流流经人体路径的不同影响。

（2）通电前，认真检查电路，防止发生短路。

（3）测量前，认真检查仪表挡位，防止误操作或超量程损坏仪表。

（4）按规程操作，防止发生触电事故。

4. 任务考核

根据任务要求与步骤，对任务完成情况进行考核，考核及评分标准如表3.2.4所示。

表 3.2.4　任务考核评分表

评价类型	占比情况	序号	评价指标	分值	得分		
					自评	互评	教师评价
知识点和技能点	70	1	正确画出人体模型，施加电压计算电流	10			
		2	搭建人体模型线路图，施加对应电压时正确测量电流值	40			
		3	正确运用数字万用表测量各电阻值	15			
		4	对计算值和测量值进行比较、分析	5			
职业素养	20	1	按时出勤，遵守纪律	3			
		2	专业术语用词准确、表述清楚	4			
		3	电工操作和电工仪表使用规范、有安全用电常识	6			
		4	工具整理、正确摆放	4			
		5	团结协作、互助友善	3			
劳动素养	10	1	按时完成	3			
		2	保持工位卫生、整洁、有序	4			
		3	小组任务明确、分工合理	3			

5. 总结反思

总结反思如表 3.2.5 所示。

表 3.2.5　总结反思

总结反思	
目标达成度：知识 ◎◎◎◎　　　能力 ◎◎◎◎　　　素养 ◎◎◎◎	
学习收获：	教师寄语：
问题反思：	签字：＿＿＿＿＿＿＿＿＿＿

6. 练习拓展

（1）人体触电的伤害程度由哪些因素决定？

（2）为什么两相触电比单相触电更为危险？

（3）对于同一个用电设备，能否同时采用保护接地和保护接零两种方式，为什么？

（4）试说明保护接地与保护接零的原理与区别。

（5）现实生活中如何避免触电，请举例说明。

任务 3.3　触电急救

任务描述

触电的现场急救是抢救触电者的关键。当发现有人触电后，现场人员必须当机立断，用最快的速度、以正确的方式使触电者脱离电源，然后根据触电者的临床表现，立即进行现场救护。本任务将介绍脱离电源的方法及之后进行急救的方法。通过任务学习，学生可以掌握触电者脱离高压电源和低压电源的方法；掌握进行现场急救的方法及注意事项。

任务目标

掌握脱离电源的方法。

具备帮助触电者顺利脱离电源的技能。

掌握人工呼吸和胸外按压的操作要点及步骤。

具备对触电者进行现场急救的技能。

培养组织纪律性、安全操作、安全生产的作风。

培养严谨的职业责任感。

知识储备

3.3.1　脱离电源的方法

脱离电源的方法

发现有人触电后，首先应使触电者迅速脱离电源，在脱离电源的过程中，救护人员既要救人，也要保护好自己。触电者脱离电源主要分脱离低压电源和脱离高压电源两种。

1. 脱离低压电源

（1）断开触电地点附近的电源开关。但应注意，普通的电灯开关只能断开一根导线，有时由于安装不符合标准，可能只断开零线，而不能断开电源，这时人身触及的导线仍然带电，不能认为已切断电源。

（2）如果距开关较远，或者断开电源有困难，可用带有绝缘柄的电工钳或有干燥木柄的斧头、铁锹等利器将电源线切断，此时应防止带电导线断落触及其他人体。

（3）当导线搭落在触电者身上或压在身下时，可用干燥的木棒、竹竿等挑开导线，或用干燥的绝缘绳索套拉导线或触电者，使其脱离电源。

（4）如触电者由于肌肉痉挛，手指紧握导线不放松或导线缠绕在身上时，可首先用干燥的木板塞进触电者身下，使其与地绝缘，然后再采取其他办法切断电源。

（5）触电者的衣服如果是干燥的，又没有紧缠在身上，不至于使救护人直接触及触电者的身体时，救护人可以用一只手抓住触电者的衣服，将其拉脱电源。

（6）救护人可用几层干燥的衣服将手裹住，或者站在干燥的木板、木桌椅或绝缘橡胶垫等绝缘物上，用一只手拉触电者的衣服，使其脱离电源。注意：千万不要赤手直接去拉触电人，以防造成群伤触电事故。

脱离电源注意事项

2. 脱离高压电源

（1）立即通知有关部门停电。

（2）戴上绝缘手套，穿上绝缘鞋，使用相应电压等级的绝缘工具，拉开高压跌开式熔断器或高压断路器。

（3）抛掷裸金属软导线，使线路短路，迫使继电保护装置动作，切断电源，但应保证抛掷的导线不触及触电者和其他人。

3. 注意事项

（1）应防止触电者脱离电源后可能出现的摔伤事故。当触电者站立时，要注意触电者倒下的方向，防止摔伤，当触电者位于高处时，应采取措施防止其脱离电源后坠落摔伤。

（2）未采取任何绝缘措施，救护人不得直接接触触电者的皮肤和潮湿衣服。

（3）救护人不得使用金属和其他潮湿的物品作为救护工具。

（4）在使触电者脱离电源的过程中，救护人最好用一只手操作，以防救护人触电。

（5）夜间发生触电事故时，应解决临时照明问题，以便在切断电源后进行救护，同时应防止出现其他事故。

3.3.2　现场急救方法

触电者脱离电源后，应立即就近移至干燥通风的场所，再根据情况迅速进行现场救护，同时应通知医务人员到现场，并做好送往医院的准备工作。现场救护可按以下办法进行：

1. 触电者所受伤害不太严重

如触电者神志清醒，只是有些心慌、四肢发麻、全身无力、一度昏迷，但未失去知觉，此时应使触电者静卧休息，不要走动，同时应严密观察。如在观察过程中，发现呼吸或心跳很不规律甚至接近停止时，应赶快进行抢救，请医生前来或送医院诊治。

2. 触电者的伤害情况较严重

触电者无知觉、无呼吸，但心脏有跳动，应立即进行人工呼吸；如有呼吸，但心脏跳动停止，则应立即采用胸外按压法进行救治。

3. 触电者伤害很严重

触电者心脏和呼吸都已停止、瞳孔放大、失去知觉，这时须采取心肺复苏法，即人工呼吸和胸外按压两种方法进行救治。

心肺复苏指导

1）人工呼吸

人工呼吸的基本步骤包括以下几点：

（1）畅通气道。发现触电者口内有异物，可将其身体及头部同时侧转，迅速用一个手指或用两指从口角处插入，取出口中异物，用仰头抬颌法，如图3.3.1所示。

（2）捏鼻掰嘴。救护人在触电人的头部左边或右边，用一只手捏紧他的鼻孔，另一只手的拇指和食指掰开嘴巴，如图 3.3.2 所示。

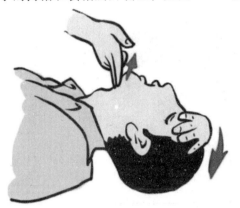

图 3.3.1 仰头抬颌法

图 3.3.2 捏鼻掰嘴示意图

（3）贴紧吹气。深吸气后，紧贴掰开的嘴巴吹气，也可隔一层布吹；吹气时要使他的胸部膨胀，每 5 s 吹一次，吹 2 s 放松 3 s；小孩肺小，只能小口吹气，如图 3.3.3 所示。

（4）放松换气。救护人换气时，放松触电人的嘴和鼻，让他自动呼气，如图 3.3.4 所示。

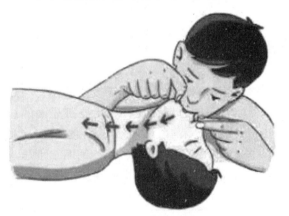

图 3.3.3 贴紧吹气示意图

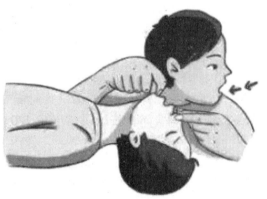

图 3.3.4 放松换气示意图

2）胸外按压

胸外按压的基本步骤如下所示：

（1）正确压点。将触电人衣服解开，仰卧在地上或硬板上，不可躺在软的地方，找到正确的挤压点，即胸骨中下 1/3 交界处的正中线上或剑突上 2.5～5 cm 处（指成人），如图 3.3.5 所示。婴幼儿正确按压位置如图 3.3.6 所示。

（2）叠手姿势。救护人侧跪于触电者身侧或跨腰跪在触电人的腰部，一手掌根部紧贴于胸部按压部位，另一手掌放在此手背上，双手平行同向交叠十指交叉互握稍抬起，手掌根部放在心口窝稍高一点的地方，掌根放在胸骨下 1/3 的部位，如图 3.3.7 所示。

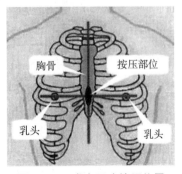

图 3.3.5 成人正确按压位置

101

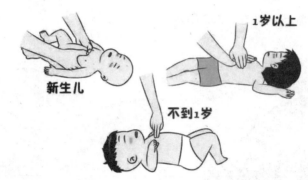

图 3.3.6　婴幼儿正确按压位置

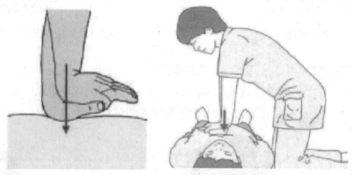

图 3.3.7　正确按压姿势

（3）向下按压。救护人两臂伸直，肘关节不可弯曲，双肩中点垂直于按压部位，利用上半身体重和肩、臂部肌肉力量垂直向下按压，即向脊背的方向挤压，压出心脏里面的血液。成人压陷到 5 cm，按压频率 100～120 次/分，太快了效果不好；对儿童用力要轻一些，压陷一般 3 cm；婴、幼儿压陷 2 cm。按压过程应平稳、有规律地进行，不能间断，下压与向上放松时间相等；按压至最低点处，应有一明显的停顿，不能冲击式的猛压或跳跃式按压。向下按压的具体操作方法如图 3.3.8 所示。

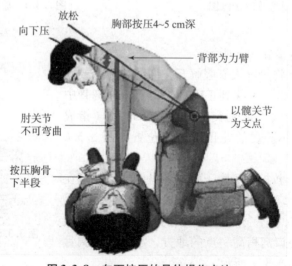

图 3.3.8　向下按压的具体操作方法

（4）迅速放松。按压后掌根很快全部放松，让触电人胸廓自动复原，血又充满心脏，每次放松时掌根不要完全离开胸膛，但应尽量放松，使胸骨不受任何压力。

施行上述两种急救方法时，如双人抢救，每做胸外按压30次后由另一个吹气2次（即按照30:2比例进行），反复进行；如只有一人，又需同时采用两种方法，可以轮番进行，做胸外按压30次以后，吹气2次。进行5个循环为一个周期。抢救过程中，每隔数分钟要判断伤者呼吸和心跳情况，每次判定时间均不超过5~7 s。

需要强调的是：遇到触电情况，一定要冷静应对。现场抢救人员一定不得放弃现场抢救，直至伤者恢复呼吸、心跳或医务人员来接替抢救。一定要密切观察触电者，人不能离开，如果触电者再出现没有呼吸和心跳，重复上面的急救步骤。

技能训练

1. 任务要求与步骤

（1）进一步学习脱离电源的方法及心肺复苏的操作步骤和要点。

（2）脱离电源实践。

在模拟的低压触电现场，由部分学生模拟被触电的各种情况，其他学生使用正确的工具，使用安全快捷的方法使触电者脱离电源；之后将已经脱离电源的触电者按照急救要求放在绝缘垫上。

（3）心肺复苏急救实践。

学生在工位上练习胸外按压急救方法和口对口人工呼吸方法的动作和节奏；在此基础上，用心肺复苏急救模拟人进行心肺复苏训练，根据指示灯情况检查学生急救手法的力度和节奏是否符合要求，直到学生掌握急救方法为止。

（4）通过安全用电知识教育，查阅资料学习的方法，进一步掌握安全用电和触电急救方法。

2. 主要设备器件

（1）模拟的低压触电现场。

（2）绝缘工具和非绝缘工具。

（3）绝缘垫。

（4）心肺复苏急救模拟人。

3. 任务考核

根据任务要求与步骤，对任务完成情况进行考核，考核及评分标准如表3.3.1所示。

表3.3.1　任务考核评分表

评价类型	占比情况	序号	评价指标	分值	得分		
					自评	互评	教师评价
知识点和技能点	70	1	规范操作，帮助触电者顺利脱离电源	20			
		2	正确进行胸外按压操作	20			
		3	正确进行人工呼吸操作	20			
		4	总结心肺复苏方法的步骤和要点	10			

评价类型	占比情况	序号	评价指标	分值	得分		
					自评	互评	教师评价
职业素养	20	1	按时出勤，遵守纪律	3			
		2	专业术语用词准确、表述清楚	4			
		3	操作规范	6			
		4	工具整理、正确摆放	4			
		5	团结协作、互助友善	3			
劳动素养	10	1	按时完成	3			
		2	保持工位卫生、整洁、有序	4			
		3	小组任务明确、分工合理	3			

4. 总结反思

总结反思如表 3.3.2 所示。

表 3.3.2　总结反思

总结反思	
目标达成度：知识 ◎◎◎◎　　能力 ◎◎◎◎　　　素养 ◎◎◎◎	
学习收获：	教师寄语：
问题反思：	签字：＿＿＿＿＿＿＿＿＿

5. 练习拓展

（1）试说明安全用电的意义及安全用电的措施？

（2）当电线搭落在低压触电者身上或压在身下时，可以用什么方法使触电者脱离电源？

（3）触电事故怎样对症急救？

（4）低压触电急救如何实施？

（5）做人工呼吸前应该注意哪些事项？

项目四

家庭照明电路的配线

项目概述

本项目主要介绍正弦交流电的基本知识、家庭用电线路的组成及各组成元件的结构、特点、连接方式以及家庭照明线路的安装和施工工艺。通过以上内容的学习，学生可以进一步巩固正弦交流电的知识，深刻理解其在生活以及家庭用电中的重要意义；了解单相电能表、单相功率表、常见配电电器和照明电器的工作原理与安装方法，熟悉家庭用电线路的组成及结构，初步掌握家用电线路的设计和安装工艺，为家庭照明线路的分析、设计、装接和排障提供一定的基础前提，也为后续的电工资格证书考试及工作生活奠定一定的基础。

项目目标

掌握正弦量的基本知识。

掌握 *RLC* 串联电路的电压、电流关系。

掌握有功功率的测量方法及功率因数提高的方法。

了解家庭用电线路的结构及每部分结构的特点。

掌握单相电能表、断路器、开关、电源插座及照明负载的正确使用和连接方法。

掌握日光灯常见故障及检修方法。

掌握家庭照明线路的分析、设计、装接和排障的方法。

培养精益求精、严谨务实的工作态度。

培养发现问题、解决问题的能力。

培养合作意识和能力。

任务 4.1　认识正弦交流电

任务描述

本任务主要介绍正弦交流电的基本知识，通过任务的学习，学生掌握正弦量的三要素、相量表示法等知识，理解 *RLC* 串联交流电路中电压、电流关系，掌握正弦交流电路的功率形式及功率因数提高的方法，为后续电路的设计及装接奠定一定的基础。

🎯 任务目标

了解正弦量的三要素。

理解正弦量的相量表示法。

理解单一元件交流电路中各元件电压、电流之间的大小、相位关系。

掌握 *RLC* 串联交流电路中电压、电流特点及关系。

掌握正弦交流电路功率的几种形式及功率因数的提高方法。

培养理论联系实际的学习方法。

培养热爱劳动、不怕苦、不怕累的工作作风。

培养求真务实的工作态度。

🎯 知识储备

4.1.1 正弦量

在正弦交流电路中，电压和电流随时间按照正弦规律变化。正弦电压、电流等物理量统称为正弦量。图 4.1.1 所示为一个正弦交流电流，在图示参考方向下，电流的数学表达式为

$$i = I_\mathrm{m}\sin(\omega t + \varphi)$$

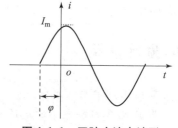

图 4.1.1　正弦交流电波形

式中，I_m 为振幅；ω 为角频率；φ 为初相角。一个正弦量可以由这三个特征量或要素来确定，所以，通常把 I_m、ω、φ，即振幅、角频率、初相角称为正弦量的三要素。

1. 周期、频率和角频率

周期、频率和角频率是描述正弦量变化快慢的参数。

1）周期

正弦量完成一个循环变化所需要的时间称为周期，用 *T* 表示，单位为秒（s）。

2）频率

每秒内波形重复变化的次数称为频率，用 *f* 表示，单位是赫兹（Hz）。频率和周期互为倒数，即

$$f = \frac{1}{T}$$

我国和大多数国家都采用 50 Hz 作为电力系统的供电频率，有些国家（如美国、日本等）采用 60 Hz，这种频率称为工业频率，简称工频。我国的工频为 50 Hz，周期为 0.02 s。

3）角频率

通常把正弦交流电在任一瞬间所处的角度称为电角度，每变化一个周期对应的电角度

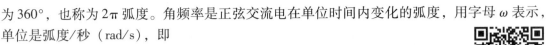

为 360°，也称为 2π 弧度。角频率是正弦交流电在单位时间内变化的弧度，用字母 ω 表示，单位是弧度/秒（rad/s），即

$$\omega = 2\pi f = \frac{2\pi}{T}$$

描述正弦量大小
的参数

2. 瞬时值、最大值和有效值

瞬时值、最大值和有效值是描述正弦量大小的参数。

1）瞬时值

瞬时值是指任意时刻交流量的值，用小写字母表示，即 i、u、e，如瞬时值的表达式

$$i = I_{\mathrm{m}}\sin(\omega t + \varphi_i) \quad u = U_{\mathrm{m}}\sin(\omega t + \varphi_u)$$

2）最大值

最大值是指正弦量在一个周期中最大的瞬时值，也叫振幅，用带有下标 m 的大写字母表示，如 I_{m}、U_{m}、E_{m}。

3）有效值

一个交流电流的做功能力相当于某一数值的直流电流的做功能力，这个直流电流的数值就叫该交流电流的有效值，用大写字母表示，如 I、U、E。通过有效值的含义进行推导可得到正弦量最大值和有效值的关系为：最大值是有效值的 $\sqrt{2}$ 倍，即

$$I = \sqrt{\frac{1}{T}\int_0^T i^2 \mathrm{d}t}$$

$$I = 0.707 I_{\mathrm{m}}$$

$$I_{\mathrm{m}} = \sqrt{2} I$$

需要强调的是：

（1）工程上说的正弦电压、正弦电流常指有效值，如设备铭牌额定值、电网的电压等级等。但绝缘水平、耐压值指的是最大值。因而，在思考电气设备的耐压水平往常应按最大值思考。

（2）测量仪表指示的电压、电流读数一般为有效值。

3. 相位、初相位和相位差

1）相位、初相位

正弦电流一般表示为

$$i = I_{\mathrm{m}}\sin(\omega t + \varphi_i)$$

正弦量的周期和相位

式中，$\omega t + \varphi_i$ 称为相位，反映了正弦量随时间变化的进程。当 $t = 0$ 时，φ_i 称为初相角或初相位，简称初相。当选择的计时起点不同时，正弦量的初相位就不同。

2）相位差

同频率正弦量的相位角之差或者初相角之差，称为相位差，用 φ 表示。例如：

$$i = I_{\mathrm{m}}\sin(\omega t + \varphi_i) \quad u = U_{\mathrm{m}}\sin(\omega t + \varphi_u)$$

则电压和电流的相位差角为

$$\varphi = (\omega t + \varphi_u) - (\omega t + \varphi_i) = \varphi_u - \varphi_i$$

此式表明，两个正弦量的相位差与计时起点无关，是一个常数。

若 $\varphi = \varphi_u - \varphi_i = 0$，则电压和电流的相位关系为同相；

若 $\varphi = \varphi_u - \varphi_i > 0$，则电压和电流的相位关系为电压超前电流；

若 $\varphi = \varphi_u - \varphi_i < 0$，则电压和电流的相位关系为电压滞后电流；

若 $\varphi = \pm 90°$，称为正交；

若 $\varphi = \pm 180°$，称为反相。

4.1.2　正弦量的相量表示法

正弦量的相量表示法

在线性电路中，如果激励是正弦量，则电路中各支路的电压、电流的稳态响应将是同频率的正弦量。同时，若电路中有多个激励均为同频率的正弦量，则根据线性电路的叠加定理，电路全部稳态响应也是同一频率的正弦量。

一个正弦量具有幅值、频率和初相位三个要素。在分析计算线性电路时，电路中各部分电压和电流都是与电源同频率的正弦量，因此，频率是已知的，计算时可不必考虑。这样，一个正弦量就可与一个复数一一对应。复数的模对应正弦量的幅值（或有效值），辐角对应正弦量的初相角。表示正弦量的复数称为相量。

$$i = I_{\mathrm{m}}\sin(\omega t + \varphi) \Leftrightarrow \dot{I}_{\mathrm{m}} = I_{\mathrm{m}} \angle \varphi \text{（最大值相量）}$$

$$i = I_{\mathrm{m}}\sin(\omega t + \varphi) \Leftrightarrow \dot{I} = I \angle \varphi \text{（有效值相量）}$$

例如：$i = 10\sqrt{2}\sin(\omega t + 45°) \Leftrightarrow \dot{I} = 10 \angle 45° \text{（有效值相量）}$

$$i = 10\sqrt{2}\sin(\omega t + 45°) \Leftrightarrow \dot{I}_{\mathrm{m}} = 10\sqrt{2} \angle 45° \text{（最大值相量）}$$

相量和复数一样，也可以在复平面上用矢量来表示，表示相量的图称为相量图。

需要强调的是：

（1）正弦量的相量和它时域内对应的函数表达式是一一对应的关系，不是相等的关系。

（2）只有正弦量才能用相量表示，非正弦量不可以。

（3）若已知正弦量的瞬时值表达式，可直接写出与之对应的相量，反之，若已知正弦量的相量，须再知道其角频率才能写出与之对应的函数表达式。

（4）在实际应用中，更多采用有效值相量。

（5）只有同频率的正弦量才能画在一张相量图上，不同频率不可以。

（6）相量有两种表示方法：相量表达式和相量图。

4.1.3　单一参数的交流电路

1. 电阻元件的交流电路

在正弦交流电路中，假定电阻两端电压 u 和流过的电流 i 为关联参考方向，且流过电阻的电流瞬时值为 $i = I_{\mathrm{m}}\sin\omega t$，根据欧姆定律得

$$u = Ri = RI_{\mathrm{m}}\sin\omega t = U_{\mathrm{m}}\sin\omega t$$

从表达式可以得到：

$$U_{\mathrm{m}} = RI_{\mathrm{m}} \quad U = RI$$

以上表达式表明，在交流电路中，电阻元件的电压、电流瞬时值、最大值、有效值均满足欧姆定律。

相位关系：从电阻元件电压和电流的瞬时值可以计算出电压、电流的相位差为 0°，故

电阻元件的电压、电流为同相。

2. 电感元件的交流电路

在正弦交流电路中，假定电感两端电压 u 和流过的电流 i 为关联参考方向，且流过电感的电流瞬时值为 $i = I_m\sin\omega t$，根据电感元件电压电流瞬时值关系得

$$u = L\frac{\mathrm{d}i}{\mathrm{d}t} = L\frac{\mathrm{d}(I_m\sin\omega t)}{\mathrm{d}t} = \omega LI_m\cos\omega t = U_m\sin(\omega t + 90°)$$

从表达式得到电感元件电压电流最大值关系为

$$U_m = \omega LI_m = I_mX_L$$

有效值表达式为

$$U = \omega LI = IX_L$$

式中，$X_L = \omega L$ 称为感抗，单位为欧姆（Ω）。从以上两个表达式可以看出，电感元件电压电流最大值和有效值均满足欧姆定律。可以认为，感抗是表征电感对电流呈现阻碍作用大小的物理量，且从表达式可以看出，感抗大小与频率有关，频率越高，感抗越大，电感对电流的阻碍作用就越大。在直流电路中，电感相当于短路。

从电感元件电压、电流瞬时值表达式可以看出，电感元件的电压超前电流 90°。

3. 电容元件的交流电路

在正弦交流电路中，假定电容两端电压 u 和流过的电流 i 为关联参考方向，且电容两端电压的瞬时值为 $u = U_m\sin\omega t$，根据电容元件电压、电流瞬时值关系得

$$i = C\frac{\mathrm{d}u}{\mathrm{d}t} = C\frac{\mathrm{d}(U_m\sin\omega t)}{\mathrm{d}t} = \omega CU_m\cos\omega t = I_m\sin(\omega t + 90°)$$

从表达式得到电容元件电压、电流最大值关系为

$$U_m = \frac{1}{\omega C}I_m = I_mX_C$$

有效值表达式为

$$U = \frac{1}{\omega C}I = IX_C$$

单一参数的交流
电路

式中，$X_C = \dfrac{1}{\omega C}$ 称为容抗，单位为欧姆（Ω）。从以上两个表达式可以看出，电容元件电压、电流最大值和有效值均满足欧姆定律。可以认为，容抗是表征电容对电流呈现阻碍作用大小的物理量，且从表达式可以看出，容抗大小与频率有关，频率越高，容抗越小，电容对电流的阻碍作用就越小。在直流电路中，电容相当于开路。

从电容元件电压、电流瞬时值表达式可以看出，电容元件的电压滞后电流 90°。

4.1.4 *RLC* 串联交流电路

1. 电压、电流瞬时值关系

RLC 串联交流电路中，已知电流及各元件电压参考方向如图 4.1.2（a）所示。因为该电路中

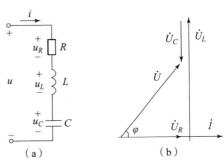

图 4.1.2 *RLC* 串联交流电路

（a）*RLC* 串联交流电路；（b）相量图

有多个正弦量，为了便于分析，对于串联电路一般选择电流作为参考正弦量。

假设 RLC 串联交流电路中电流 $i = I_m\sin\omega t$，根据单一元件交流电路中电阻、电感、电容元件电压、电流关系可以得

$$u_R = U_{Rm}\sin\omega t$$
$$u_L = U_{Lm}\sin(\omega t + 90°)$$
$$u_C = U_{Cm}\sin(\omega t - 90°)$$

根据基尔霍夫电压定律（KVL）可列出：

$$u = u_R + u_L + u_C$$

RLC 串联组合
交流电路

2. 电压、电流有效值关系

图 4.1.2（a）所示电路对应的相量图如图 4.1.2（b）所示，根据相量图可知：端口电压相量与各元件电压相量构成了直角三角形，称为电压三角形，各电压有效值的关系满足：

$$U = \sqrt{U_R^2 + (U_L - U_C)^2}$$

即

$$U \neq U_R + U_L + U_C$$

将电压 $U_R = RI$、$U_L = X_L I$、$U_C = X_C I$ 代入表达式 $U = \sqrt{U_R^2 + (U_L - U_C)^2}$ 得

$$U = \sqrt{U_R^2 + (U_L - U_C)^2} = \sqrt{(RI)^2 + (IX_L - IX_C)^2}$$
$$= \sqrt{(R)^2 + (X_L - X_C)^2}\,I = |Z|\,I$$

式中，$|Z| = \sqrt{(R)^2 + (X_L - X_C)^2}$。

它具有阻碍电流的性质，称为电路中阻抗的模，单位为欧姆（Ω）。

RLC 并联组合
交流电路

3. 电压、电流的相位关系

图 4.1.3 所示阻抗三角形，是由图 4.1.2（b）所示相量图对应得到，图中可以得到阻抗角为

$$\varphi = \arctan\frac{X_L - X_C}{R}$$

从阻抗角表达式可以看出，电路中电压与电流的相位关系有以下几种：

图 4.1.3　阻抗三角形

（1）当 $X_L > X_C$ 时，$\varphi > 0$，则电压超前电流，电路呈电感性，这种电路称为感性电路。

（2）当 $X_L < X_C$ 时，$\varphi < 0$，则电压滞后电流，电路呈电容性，这种电路称为容性电路。

（3）当 $X_L = X_C$ 时，$\varphi = 0$，则电压与电流同相，电路呈阻性，这种电路称为阻性电路或谐振电路。

综上所述，电路中电压和电流的相位差角不仅取决于电路中元件的参数，还与电源频率有关。

4.1.5　正弦交流电路的功率

在直流电路中，我们已经学习过功率的计算和判断，交流电路的功率不同于直流电路的功率，下面将进行交流电路功率的分析。

1. 瞬时功率

设无源单口网络的电压、电流参考方向如图 4.1.4 所示，其正弦电压、电流分别为

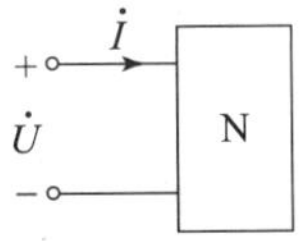

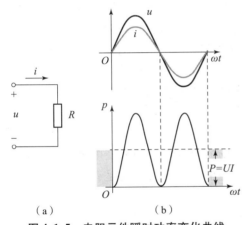

$$u = \sqrt{2}U\sin\omega t \quad i = \sqrt{2}I\sin(\omega t - \varphi)$$

则瞬时功率为

图 4.1.4　二端网络

$$p = ui = \sqrt{2}U\sin\omega t \cdot \sqrt{2}I\sin(\omega t - \varphi) = UI[\cos\varphi - \cos(2\omega t - \varphi)]$$

由瞬时功率表达式可见，瞬时功率由两部分组成，一部分是恒定分量，是一个与时间无关的量；另一部分是正弦分量，其频率为电源频率的 2 倍。

（1）电阻元件瞬时功率变化曲线如图 4.1.5 所示。

由瞬时功率波形图可以看出，电阻元件的瞬时功率总是正值，说明电阻元件在电路中一直处于消耗能量的状态，故电阻是耗能元件。

（2）电感元件瞬时功率变化曲线如图 4.1.6 所示。

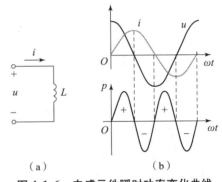

图 4.1.5　电阻元件瞬时功率变化曲线

（a）电路图；（b）功率波形

图 4.1.6　电感元件瞬时功率变化曲线

（a）电路图；（b）功率波形

从图 4.1.6 可知，电感元件接在电路中，当电流数值增加，电感元件中功率为正值时，即电感从电源吸收能量并将能量储存起来；当电流数值减小时，电感元件中功率为负值，电感释放能量，并将磁场能量转换为电能传输给电源，故电感是一种储能元件。

（3）电容元件瞬时功率变化曲线如图 4.1.7 所示

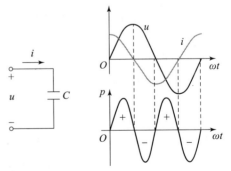

从图 4.1.7 可知，电容元件接在电路中时，当电压数值增加，电容元件中功率为正值，即电容从电源吸收能量并将能量储存起来；当电压数值

图 4.1.7　电容元件瞬时功率变化曲线

（a）电路图；（b）功率波形

减小时，电容元件中功率为负值，电容释放能量，并将电场能量转换为电能传输给电源，故电容也是一种储能元件。

2. 有功功率

交流电路的有功功率又叫平均功率，是指瞬时功率在一个周期内的平均值，即

$$P = \frac{1}{T}\int_0^T UI[\cos\varphi - \cos(2\omega t - \varphi)]\mathrm{d}t = UI\cos\varphi = UI\lambda$$

式中，φ 为电压与电流的相位差角，称为功率因数角（等于阻抗角）；$\lambda = \cos\varphi$ 为功率因数。

有功功率是保持用电设备正常运行所需的电功率，也就是将电能转换为其他形式能量（机械能、光能、热能）的电功率。有功功率过低，将导致线路损耗增加、设备使用率下降，从而导致电能浪费加大。

从有功功率表达式可知（下面表达式中，φ 为元件电压与电流的相位差）：

对于电阻元件：$\varphi = 0°$，$\cos\varphi = 1$，$P = UI\cos\varphi = U_R I_R$；

对于电感元件：$\varphi = 90°$，$\cos\varphi = 0$，$P = UI\cos\varphi = 0$；

对于电容元件：$\varphi = -90°$，$\cos\varphi = 0$，$P = UI\cos\varphi = 0$。

由上述分析可知，在交流电路中，只有电阻元件消耗有功功率，电容元件和电感元件均不消耗有功功率。有功功率的单位为瓦[特]（W）或千瓦[特]（kW）。

3. 无功功率

具有电感和电容的电路中，在半个周期内，电感（或电容）把电源能量变成磁场（或电场）能量储存起来，另外半个周期又把储存的磁场（或电场）能量再返回给电源。电感元件、电容元件实际上不消耗功率，只是和电源之间存在着能量互换，我们把这种能量交换规模的大小定义为无功功率，用 Q 表示，单位为乏（var），即

$$Q = UI\sin\varphi$$

无功功率比较抽象，它是用于电路内电场与磁场的交换，并用来在电气设备中建立和维持磁场的电功率。它不对外做功，而是转变为其他形式的能量。凡是有电磁线圈的电气设备，要建立磁场，就要消耗无功功率。

无功功率过高的缺点：

（1）无功功率过高会导致电流增大和视在功率增加，导致系统容量下降。

（2）会使总电流增加，从而使设备和线路的损耗增加。

（3）使线路的压降增大，冲击性无功负载还会使电压剧烈波动。

从无功功率表达式可知（下面表达式中，φ 为元件电压与电流的相位差角）：

有功功率和
无功功率

对于电阻元件：$\varphi = 0°$，$\sin\varphi = 0$，$Q = UI\sin\varphi = 0$；

对于电感元件：$\varphi = 90°$，$\sin\varphi = 1$，$Q = UI\sin\varphi = U_L I_L = I_L^2 X_L$；

对于电容元件：$\varphi = -90°$，$\sin\varphi = -1$，$Q = UI\sin\varphi = -U_C I_C = -I_C^2 X_C$。

4. 视在功率

由于交流电路中，电压和电流存在相位差，因此正弦电路的平均功率不等于电压和电流的有效值的乘积 UI，电压与电流有效值的乘积定义为视在功率，用大写字母 S 表示，单位为伏安（V·A），即

$$S = UI$$

视在功率有实际意义，例如交流电气设备都有确定的额定电压 U_N 和额定电流 I_N，其视在功率 $S_N = U_N I_N$，即表示电气设备的容量。

从视在功率、有功功率、无功功率三者的表达式可以得到三者之间满足直角三角形的关系，即

$$S = \sqrt{P^2 + Q^2}$$

$$\lambda = \cos\varphi = \frac{P}{S}$$

视在功率和功率因数

需要强调的是：视在功率无物理意义，不满足守恒定律。

5. 功率因数的提高

在计算电路有功功率时，功率因数是一个需要重点考虑的因素，功率因数的高低完全取决于负载的参数及电源频率，如果整个电路的功率因数低，则会导致以下两个方面的问题：

（1）电源设备的容量不能充分利用。

在电源设备容量 $S_N = U_N I_N$ 一定的情况下，功率因数越低，有功功率 P 越小，电源的能量越得不到充分利用。

（2）增加输电线路和电源内阻的功率损耗。

在电压一定的情况下，对负载输送一定的有功功率时，功率因数越低，根据公式 $P = UI\cos\varphi$ 可知，输电线路的电流 I 越大，线路损耗越大。

感性负载采用电容并联补偿是提高功率因数的主要方法之一。具体补偿的方法有两种：一种是集中补偿（补偿电容集中安装于配电所或配电室，便于集中管理）；另一种是集中与分散补偿相结合（补偿电容一部分安装于变电所，另一部分安装于感性负载较大的部门或车间）。这种方法灵活机动，便于调节，且可降低企业内供、配电线路的损耗。

🎯 技能训练

1. 任务要求与步骤

（1）总结单一元件交流电路中，电阻、电感、电容元件的电压、电流关系（包括大小、相位关系）。

（2）某一正弦交流电源对一个日光灯电路进行供电，现测得电源电压为 220 V，镇流器两端电压为 148 V，灯管两端电压为 188 V，由于 148 + 188 = 336（V）> 220 V，故本次测量数据有误。以上说法是否正确，请进行分析（要求写出详细的分析过程）。

（3）观察学校配电室的电容补偿柜，了解开总结具体补偿的实现方法和作用（500 字左右）。

2. 任务考核

根据任务要求与步骤，对任务完成情况进行考核，考核及评分标准如表 4.1.1 所示。

表 4.1.1　任务考核评分表

评价类型	占比情况	序号	评价指标	分值	得分		
					自评	互评	教师评价
知识点和技能点	70	1	正确总结单一元件的电压、电流关系	15			
		2	日光灯电路的正确分析	25			
		3	总结学校配电室的电容补偿方法及作用	30			

续表

评价类型	占比情况	序号	评价指标	分值	得分		
					自评	互评	教师评价
职业素养	20	1	按时出勤，遵守纪律	5			
		2	专业术语用词准确、表述清楚	5			
		3	团结协作、互助友善	5			
		4	具备安全用电常识	5			
劳动素养	10	1	按时完成	4			
		2	保持工位卫生、整洁、有序	3			
		3	小组任务明确、分工合理	3			

3. 总结反思

总结反思如表 4.1.2 所示。

表 4.1.2　总结反思

总结反思	
目标达成度：知识 ◎◎◎◎　　能力 ◎◎◎◎　　素养 ◎◎◎◎	
学习收获：	教师寄语：
问题反思：	签字：_____

4. 练习拓展

（1）列举正弦交流电路中的几种功率形式，并说明每种功率的含义、计算公式及单位。

（2）查阅相关资料，说明为什么我国采用的是 50 Hz 的交流电而不是 60 Hz 或者其他频率？

（3）在我国电力供电系统中，为什么对功率因数的大小要有明确的要求？

（4）简单列举谐振现象在生活中的应用。

任务 4.2　认识家庭用电线路

🎯 任务描述

家庭用电线路与我们息息相关，但由于采用暗线铺设，所以对线路、各元件及用电器的连接无从得知。本任务主要介绍家庭照明线路的结构组成，通过任务学习，学生可以了解家庭用电线路的组成，了解单相电能表、单相功率表、常见配电电器和日光灯等照明负载的工作原理与安装方法；为家庭照明线路的分析、设计、装接和排障提供一定的基础前提。

🎯 任务目标

了解家庭用电线路的结构组成。

了解日光灯电路的工作原理及连接方式。

掌握单相电能表、单相功率表的连接方法。

理解单开单控开关、单开双控开关、双开双控开关的区别及连接、安装方式。

掌握电源插座的接线方法。

掌握家庭用电线路中，各元件的连接顺序及连接方式。

具备对简单家庭照明电路进行设计、装接、分析、检查和排障的能力。

注重实践能力的培养和提升。

培养获取信息并利用信息的能力。

培养理论联系实际的学习方法和能力。

🎯 知识储备

4.2.1 家庭用电线路的结构组成

家庭电路一般由两根进户线（也叫电源线）、电能表、闸刀开关（现一般为空气开关）、漏电保护器、保险设备（空气开关、熔断器）、用电器、照明负载、插座、导线、开关等组成，如图 4.2.1 所示。进户线分为端线（三相四线电路中的某一根相线一般为红色，俗称火线）和零线（零线是变压器中性点引出的线，与相线构成回路对用电设备进行供电），为家庭用电提供电压；电能表用来计量用了多少电，总开关、空气开关、保险设备

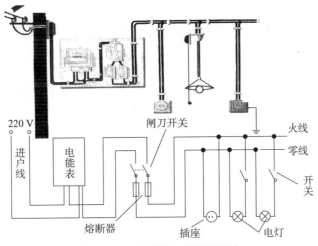

图 4.2.1 家庭用电线路的组成

（熔断器）等控制家庭电路的通断并提供用电保护；在这些基础上，用电器的插头连接插座，再由插座里的导线（电线）连接到开关、电源上，实现正常的通电和用电。

在家庭里，入户位置会有一个强电箱，家庭电路的改造和布置，所有回路的起点都在配电箱内。配电箱里的回路划分，其实就是"什么样的插座、电器被划分在同一个电路里，由相同的电线实现导电，由相同的断路器来控制和保护"。所以，把家庭用电回路进行划分，是家庭电路改造的基础，它决定了插座、电器所使用的电线的大小、断路器的种类以及断路器的大小。在用电回路具体划分时，需要综合考虑不同的区域、用电器的数量、用电器的功率。一般普通家庭的用电回路划分为六个回路：总开关一个回路，全屋照明一个回路，卧室、客厅、餐厅、阳台等区域，每10个普通插座用一个回路，大功率电器插座一个回路（如说冰箱、空调），厨房一个回路、卫生间一个回路。

1. 断路器

划分了用电回路后，就需要进一步确定不同电路的断路器。按功能来分，可将断路器分为空气开关、漏电保护开关和过欠压开关三种。

漏电保护开关和过欠压开关本质上都是空气开关，只不过是在空气开关的基础上增加了组件（漏电保护组件和过欠压脱扣器），所以在外观上，空气开关只有手柄，而漏电保护开关和过欠压开关的左边是有手柄的空气开关，右边还多了一个装置，如图4.2.2所示。正因为漏电保护开关和过欠压开关比空气开关多了一个组件，所以空气开关有的用电保护功能，漏电保护开关和过欠压开关都有，具体表现为电路发生特殊用电情况（过载、短路、漏电、过欠压）时，开关就会跳闸。综上所述，空气开关能够控制电路的通

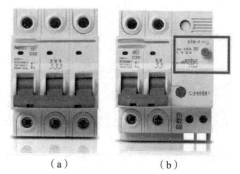

图4.2.2　空气开关

（a）空气开关；（b）漏电保护开关

断，给电路提供过载保护、短路保护；漏电保护开关能够在此基础上提供漏电保护，过欠压开关则能够提供过电压、欠电压保护。

1）类型选择

由于不同断路器对电路的保护功能不同，所以为了确保用电安全，针对不同的用电回路，就要用到不同的断路器。

总开关：建议选择空气开关或过欠压开关。很多人会选择漏电保护开关作为总电源的开关，看似更安全，但这意味着某一个回路一旦发生漏电，总开关就会直接跳闸，这样会影响所有回路的正常用电，加大检修的难度。

照明开关回路：照明开关回路的功率不会太大，对人体损害较少，所以很少出现用电安全事故。另外，老化的灯具接口松动，轻微的漏电是正常现象，如果选择漏电保护开关，照明回路就会频繁跳闸，所以应该选择空气开关。

普通开关插座回路：选择漏电保护开关，这类插座用电器的功率不会太大，但也会有漏电的安全隐患。

大功率电器回路：大功率电器因为功率比较大，一旦发生漏电事故，后果不堪设想，所以要选择安全性更高的漏电保护开关，而且是必须的。

卫生间、厨房插座回路：像卫生间、厨房这些区域，有时候会用到一些大功率电器，比如电热水器、微波炉等，漏电的安全隐患比较大，所以也要选择漏电保护开关。

2）大小和型号选择

家庭断路器是有具体的型号和大小的，针对不同的用电情况，需要用到不同大小的断路器，所以除了要选择正确的种类，还要选对其大小。关于断路器的大小，需要搞清楚三种电流的概念：框架电流、额定电流和剩余动作电流。

框架电流就是我们经常听到的 63 A、32 A，它表示空气开关总电流最大限制为 63 A、32 A，超过这个电流大小，总开关就会跳闸；额定电流主要是针对各回路的开关，指的是开关的最大负载，同样如果回路中的电流超过负荷电流，开关就会跳闸；剩余动作电流主要是针对漏电保护开关，它可以理解为漏电时的电流大小，一旦电路出现漏电，且漏电电流达到了设定值，漏电保护开关就会跳闸。

关于断路器的大小，很多人都会有这样的疑惑，既然不想电路用电时超过负载，直接选框架电流、额定电流大不是更好吗？想要提高断路器的漏电保护能力，选择剩余动作电流更小，更灵敏的漏电保护开关不是更好吗？答案是否定的。空气开关、漏电保护开关选太大，框架电流、额定电流负载虽然大，但这意味着成本的增加，也会增加用电的风险，而且现在的开关与电线都是专线专用，电线大小决定了开关的负载大小，如果开关太大，电线太小，那么开关就会失去作用，比如电线着火了，开关还没跳闸；另一方面，开关和电线太大，购买的成本增加，后续安装和维修成本也会增加。至于漏电保护开关，原则上来说，灵敏度更高的会更安全，轻微漏电就会直接跳闸，但在使用体验上会非常不好，如电器插头在插拔时、开关在开闭时，产生的轻微电火花就会导致灵敏的漏电保护开关频繁跳闸。所以，家庭电路布局在断路器大小的选择上，应该达到这些标准。

总开关：120 m² 以下的户型，都应该选择框架电流为 63 A 的空气开关。

照明回路：额定电流为 10 A 的空气开关。

普通插座回路：额定电流为 10 ~ 16 A，剩余动作电流为 0.03 A 的漏电保护开关。

大功率电器回路：额定电流为 25 ~ 32 A，剩余动作电流为 0.01 A 的漏电保护开关。

厨房、卫生间回路：与大功率电器回路一样，选择额定电流为 25 ~ 32 A，剩余动作电流为 0.01 A 的漏电保护开关。

2. 单相电能表

单相电能表是计量电能的仪表，也就是我们常说的电表。由于其用来度量用户消耗的电能多少，所以必须接在干路上。生活中除了单相电能表还有三相电能表和多相电能表。下面主要介绍单相电能表。单相电能表的额定电压有 220（250）V 和 380 V 两种，分别用在 220

单相电能表

V 和 380 V 的单相电路中。电能表的额定电流有多个等级，如 1 A、2 A、3 A、4 A、5 A 等，它表明了该电能表所能长期安全流过的最大电流。有时，电能表的额定电流标有两个值，后面一个写在括号中，如 2（4），这说明该电能表的额定电流为 2 A，最大负荷可达 4 A。单相电能表有 4 个接口，面朝有刻度的一面，从左向右依次为 1、2 口接相线（或火线），3、4 口接零线，1、3 是接入口，2、4 是接出口，如图 4.2.3 所示。

3. 单相功率表

单相交流功率表是测量交流电路中功率的机械式指示电表。在选用功率表时需注意：

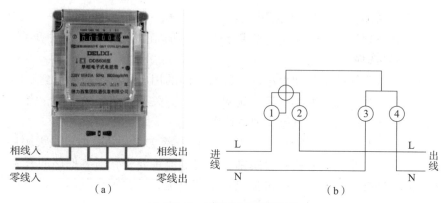

图 4.2.3 单相电能表接线图

（a）外观图；（b）内部接线图

电流量程不能低于被测负载的电流，电压量程不能低于被测负载的电压。功率表的正确接法必须遵守"发电机端"的接线规则。

（1）功率表标有"＊"号的电流端必须接至电源的一端，而另一端则接至负载端。电流线圈是串联接入电路的。

（2）功率表上标有"＊"号的电压端子可接电流端的任一端，而另一端子则并联至负载的另一端。功率表的电压支路是并联接入电路的。

功率表的正确接法有两种：电压线圈前接法和电压线圈后接法，如图 4.2.4 所示。电压线圈前接法中，电流线圈测量的电流为负载电流，但是电压线圈测量的电压为负载和电流线圈的总电压，电流线圈的电压降会使测量产生误差，所以该方法适用于负载电阻比电流线圈电阻大得多的情况；电压线圈后接法中，电压线圈测量的电压为负载电压，但是电流线圈测量的电流为负载和电压线圈并联的总电流，电压线圈的电流使测量产生误差，所以该方法适用于负载电阻远比电压线圈电阻小得多的情况。

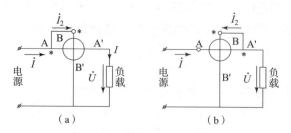

图 4.2.4 单相功率表的接法

（a）电压线圈前接法；（b）电压线圈后接法

一般都是按照图 4.2.4 所示电路图接线，那到底为什么要把标有"＊"号的端子连在一起呢？其实，标有"＊"号这两个端子称为对应端，它们的用途是：①如将对应端按图 4.2.4 中所示接在一起，则当功率表的指针正向偏转时，表示能量由左向右传送；若指针反向偏转，表示能量由右向左传送；②电流线圈的任一接线端应与电压线圈标有"＊"符号的接线端连接，这样线圈间电位比较接近，可减小其间的寄生电容电流和静电力，保证功率表的准确度和安全。

4. 电源插座

电源插座是指用来接上市电提供的交流电，使家用电器与可携式小型设备通电使用的装置。电源插座有插槽或凹洞的母接头，用来让有棒状或铜板状突出的电源插头插入，以将电力经插头传导到用电设备。

电源插座按照结构和用途的不同主要分为移动式电源插座、嵌入式墙壁电源插座、机柜电源插座、桌面电源插座、智能电源插座、功能性电源插座、工业用电源插座、电源组电源插座等。家庭用电线路中的电源插座的类型主要有以下两种：

（1）两孔插座。一般没有金属外露的塑料外壳电气设备以及双绝缘（即带"回"字符号）的小型电气设备，可以使用两孔插座。

（2）三孔插座。有金属外壳的电气设备以及有金属外露的电气设备，应使用带保护极的三头插头，如电冰箱、电烤箱等，这时采用三孔插座。三孔插座较两孔插座主要是多了一个接地极，这个接地极是跟家用电器的外壳接通的。当把三脚插头插在三孔插座里，再把用电部分连入电路的同时，就把外壳与大地连接起来。这样做的原因是由于家用电器的金属外壳本来是跟火线绝缘的不带电的，人体接触外壳并没有危险，但如果内部火线绝缘皮破损或失去绝缘性能，致使火线与外壳接通，外壳带了电，人体接触外壳等于接触火线，就会发生触电事故。如果把外壳用导线接地，即使外壳带了电，也会从接地导线流走、人体接触外壳没有危险。常见插座的外观如图4.2.5所示。

图 4.2.5　常见插座的外观

两孔插座接线时只有火线和零线，插座口面对自己时，遵循"左零右火"的接线规则；三孔插座接线时一般都有火线、零线和接地线三根线，插座口面对自己，最上的单独一个是保护接地线（即可以防止电器外壳漏电发生电击事件），下面两根同样遵循"左零右火"规则（与两孔插座相同）。具体接线时，也可以参考插座背提示的英文字母：标有"L"对应接火线，标有"N"对应接零线。插座接线图如图4.2.6所示。

需要注意的是：有很少部分工业用电接的也是三孔插头，但其实是分别接的ABC三相380 V的电源，这就和家庭用电的3孔不同。

5. 开关

开关接在电路中主要是控制各个支路的通断，在家庭用电线路中，开关控制着整个家电运转，是现代家居装修必不可少的。在使用时，应保证开关和被控制的用电器串联，且必须接在火线上。

开关的种类繁多，不同种类有不同的用法，室内常用的开关有单控、双控和多控，也

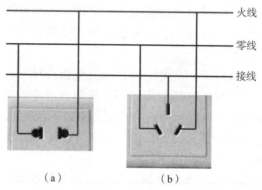

图 4.2.6　插座接线图

（a）两孔插座；（b）三孔插座

有一开/两开/三开/四开（也称：单联/双联/三联/四联或一位/二位/三位/四位等；几个开关并列在一个面板上控制不同的灯，俗称多位开关），几开表示一个面板上有几个按键，如图 4.2.7 所示。

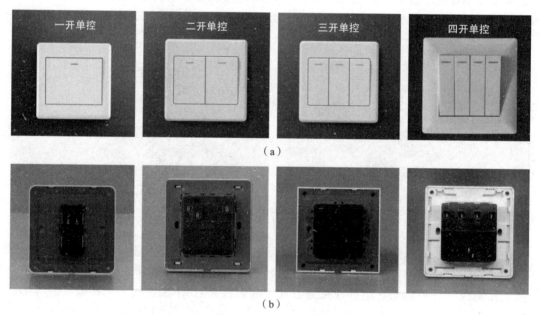

图 4.2.7　开关种类

（a）开关正面图；（b）开关背面图

单控开关是最为普通的按键开关，也是在家庭电路中最常见的，即一个开关控制一件或多件电器，根据所联电器的数量又可以分为如图 4.2.7 所示的单控单联（或一开单控）、单控双联（或二开单控）、单控三联（或三开单控）、单控四联（或四开单控）等多种形式。如厨房使用单控单联（或一开单控）的开关，一个开关控制一组照明灯光；在客厅可能会安装三个射灯，那么可以用一个单控三联（或三开单控）的开关来控制。单控开关的背面有两个接线端子"L"和"L1"。图 4.2.8 所示为一开单控开关的接线图。需要注意的是，在安装开关时，要将控制灯的开关接在火线与灯之间，如果将开关接在零线与灯之间，虽然关闭了开关，灯也不亮了，但其实这时候灯具上对地电压依然是 220 V 的电压。如果灯灭时人触摸到实际上带电的部位，就会有触电的危险。所以照明开关只有串接在火线上，才能确保安全。

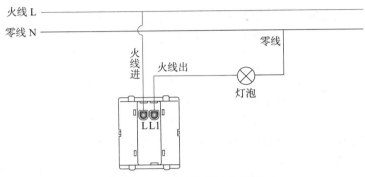

图 4.2.8　一开单控开关的接线图

　　双控开关是一个开关同时带常开、常闭两个触点（即为一对），可以实现在不同的两个地方同时控制一只灯，如房间的门口和床头、楼梯口、大厅等。从外观上看，单控开关每一个按键可以接两条线，而双控开关每个按键可以接三条线。双控开关背面有三个接线端子，分别标有"L""L1"和"L2"。图 4.2.9 所示为一开双控开关的接线原理图和实际接线图。

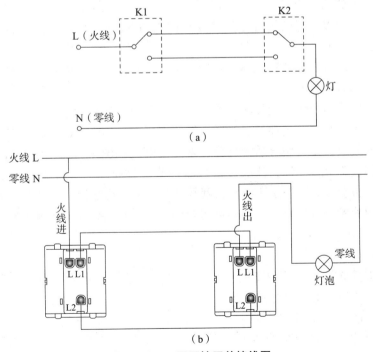

图 4.2.9　一开双控开关接线图
（a）接线原理图；（b）接线图

需要注意的是单控开关不可以当双控开关使用，但是双控开关可以作为单控开关使用。因为从功能上看，双控开关也具备了单控开关的功能。双控开关作单控开关使用时，将火线接"L"端，零线接"L1"或"L2"即可。

6. 照明灯具

目前市场上的照明灯具在品种和款式上千姿百态，外形琳琅满目，但家庭常用的有两种：一种是直接靠电流加热灯丝而发光的白炽灯，另一种是靠灯丝发射电子、激发荧光物质而发光的灯，如日光灯、三基色能型灯等。

1）白炽灯

白炽灯主要由玻壳、灯丝、导线、感柱、灯头等组成。玻壳做成圆球形，制作材料是耐热玻璃，它把灯丝和空气隔离，既能透光又起保护作用。白炽灯工作的时候，玻壳的温度最高可达 100 ℃；灯丝是用比头发丝还细得多的钨丝做成螺旋形形成的；导线是由内导线、杜美丝和外导线三部分组成的，内导线用来导电和固定灯丝，用铜丝或镀镍铁丝制作，中间一段很短的红色金属丝叫杜美丝，要求它同玻璃密切结合而不漏气，外导线是铜丝，其任务就是连接灯头用以通电；感柱是一个喇叭形的玻璃零件，它连着玻壳，起着固定金属部件的作用，其中的排气管用来把玻壳里的空气抽走，然后将下端烧焊密封，灯就不漏气了；灯头是连接灯座和接通电源的金属件，用焊泥把它同玻壳黏结在一起。

白炽灯是将灯丝通电加热到白炽状态，一只点亮的白炽灯的灯丝温度可以高达 3 000 ℃，正是由于炽热的灯丝产生了光辐射，才使电灯发出了明亮的光芒。这是因为在高温下一些钨原子会蒸发成气体，并在灯泡的玻璃表面上沉积，使灯泡变黑，所以白炽灯都做成"大腹便便"的外形，这是为了使沉积下来的钨原子能在一个比较大的表面上弥散开。但是白炽灯用久了玻壳会变黑，再过一段时间会烧断，这是因为钨丝比起炭丝来，在真空里的升华速度要快得多。当白炽灯点亮温度升得很高的时候，钨的升华仍然十分严重。长时间的高温使钨丝表面的钨原子升华扩散，然后一层又一层地沉积到玻壳的内表面上，使玻壳慢慢黑化，钨的蒸发也使钨丝越来越细，最后烧断。灯丝工作温度越高钨升华得越快，白炽灯的使用寿命就越短。

在实际应用中，白炽灯的能量转换效率很低，只有 2% ~ 4% 的电能转换为眼睛能够感受到的光。但白炽灯具有显色性好、光谱连续、使用方便等优点，因而仍被广泛应用。

白炽灯在安装时，要使用合适的灯座，常见的灯座如图 4.2.10 所示。灯座有两个接线螺钉，接线时螺纹部分接零线，顶部（或灯座舌簧）接火线。虽然说不区分零线和火线去接螺纹灯泡，灯也会发光，但是不按零火线接线很容易发生危险（如果把螺纹部分接火线，那么在灯泡出现故障进行更换时，很容易因为误碰，手碰到螺纹导致触电），也违反电工操作规定。

2）日光灯

日光灯（即荧光灯）是一种充气放电灯，在照明灯具中是最为经济的照明灯，它的发光率比白炽灯高 3 倍以上。日光灯是面光源而不是点光源，光线柔和、不致伤目，是目前最常用的光源，适用于一般室内照明。日光灯主要由灯管、镇流器、启辉器组成，如图 4.2.11 所示。其中，灯管的两端各有一个灯丝，灯管内充有微量的氩气和稀薄的汞蒸气，灯管内壁上涂有荧光粉，两个灯丝之间的气体导电时发出紫外线，使涂在管壁上的荧光粉发出可见光；镇流器是一个带铁芯的自感系数很大的线圈；启辉器主要是一个充有氖气的

图 4.2.10　灯座的正面图和背面图

玻璃泡，里面装有两个电极，一个是静触片，一个是由两个膨胀系数不同的金属制成的 U 形动触片（双金属片——当温度升高时，因两个金属片的膨胀系数不同，导致其向膨胀系数低的一侧弯曲）。

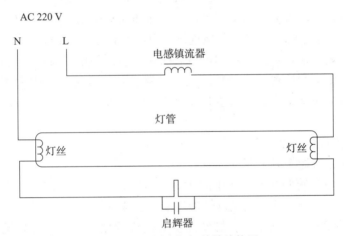

图 4.2.11　日光灯组件的结构图

　　接下来看一下日光灯是如何工作的，当电源接通后，电源电压立即通过镇流器和灯管灯丝加到启辉器的两极，220 V 的电压立即使启辉器的惰性气体电离，产生辉光放电。辉光放电的热量使双金属片受热膨胀，辉光产生的热量使 U 形动触片膨胀伸长，跟静触片接通，于是镇流器线圈和灯管中的灯丝就有电流通过。电流通过镇流器、启辉器触极和两端灯丝构成通路。灯丝很快被电流加热，发射出大量电子。这时，由于启辉器两极闭合，两极间电压为零，辉光放电消失，管内温度降低，双金属片自动复位，两极断开。在两极断开的瞬间，电路电流突然切断，镇流器产生很大的自感电动势，与电源电压叠加后作用于灯管两端。灯丝受热时发射出来的大量电子，在灯管两端高电压作用下，以极大的速度由低电势端向高电势端运动。在加速运动的过程中，碰撞管内氩气分子，使之迅速电离。氩气电离生热，热量使汞产生蒸气，随之汞蒸气也被电离，并发出强烈的紫外线。在紫外线的激发下，管壁内的荧光粉发出近乎白色的可见光。

　　日光灯正常发光后，由于交流电不断通过镇流器的线圈，线圈中产生自感电动势，自感电动势阻碍线圈中的电流变化。镇流器起到降压限流的作用，使电流稳定在灯管的额定电流范围内，灯管两端电压也稳定在额定工作电压范围内。由于这个电压低于启辉器的电离电压，所以并联在两端的启辉器也就不再起作用了。

4.2.2 日光灯常见故障及检修方法

日光灯在使用过程中不可避免地会出现一定的故障问题，常见的故障主要有以下几种：

1）日光灯灯管不能发光

闭合电源开关，启辉器不启动，灯管两端和中间均不发光，产生这种现象的原因可能是电路中有断路、灯管与灯座接触不良、灯丝烧断或脱焊、镇流器线圈断路或启辉器与启辉器座接触不良等。这时，首先用万用表检查输入电压，如正常，再测量启辉器座两孔的电压，此时电压表读数应为电源电压值。若没有万用表可串一只灯泡检查，灯泡亮说明电路中无断路现象，可能是启辉器损坏，将其更换即可。如果万用表电压读数为 0 V 或串接的灯泡不亮，则可能是灯管与灯座接触不良；若转动灯管仍然不亮，则可能是灯丝断路，用万用表电阻挡测量灯丝直流电阻即可判断。一般 6 ~ 8 W 的灯管，冷态直流电阻为 15 ~ 18 Ω；15 ~ 40 W 的则为 3.5 ~ 5 Ω。若检查灯丝电阻和以上冷态阻值相符，说明灯丝完好。若有断丝现象，可用裸铜线暂时将管脚短路后插入灯座，并用导线短接启辉器的两个触点，若灯管仍然不亮，则必须检查镇流器线圈是否断路。若检查结果与阻值相符，说明镇流器基本完好，日光灯应正常工作。若灯管还不能启动，则应再次检查启辉器，直至日光灯发光为止。

2）灯管两端发亮但不能正常发光

出现这种情况，可能有以下两种现象：

（1）接通电源后灯管两端发红而中间不亮，且灯丝部位没有闪烁，无论启辉器怎样跳动，灯管仍不能点亮发光，这一般是灯管慢性漏气造成的。

（2）灯管两端发亮，中间不亮，灯丝部位有闪烁现象，产生这种情况可能是启辉器座或连线接触不良或启辉器损坏造成的。若把启辉器摘下，故障仍无变化，则可能是接线或启辉器座有短路现象，应予检修。如果去掉启辉器后，用导线瞬间短接其触点，日光灯能正常工作，一般是启辉器内部的电容击穿或双金属片两触片粘连。若电容击穿，可用 0.01 pF/400 V 的电容更换；若触片粘连，则应更换新的启辉器。

3）灯管内有螺旋形光带

灯管虽然能正常启动，但点燃后管内出现螺旋形光带，俗称"打滚"，产生的原因是灯管质量差或镇流器异常。新灯管接入电路后，出现"打滚"现象是灯管内气体未完全电离或出厂前老化不良造成的。通常只要反复启动几次，就可消除"打滚"现象，使灯光趋于正常。若新灯管点亮数小时后才出现"打滚"现象，且反复启动后不能消除，则是灯管玻璃内壁受热后放出气体所形成的，说明灯管质量较差。若更换灯管后仍出现"打滚"现象，则应检查镇流器的质量。若测量灯管电流过大，说明镇流器质量不合格，应更换新品。

4）灯光闪烁但不亮

冬季气温低，管内气体不易电离，日光灯启动较难，往往在开关闭合很久后灯管才能点亮，有时启辉器跳动不止，而灯管却不能正常发光。除温度影响外，湿度过高、电源电压低于额定最低启动电压值、灯管老化、镇流器不配套和启辉器不良等，都会影响启动。在查明原因后，应尽快采取相应措施，否则会因闪动时间过长，使灯管两端很快发黑，严重影响日光灯的使用寿命。

5）镇流器不断发出蜂鸣音

镇流器是一种装有铁芯的电感线圈，通过电流时，由于电磁作用会产生蜂鸣音。根据有关标准要求，若在距镇流器 1 m 处听不到明显蜂鸣音即为合格。镇流器在使用中若出现较强的蜂鸣声，除电源电压过高这一因素外，安装不当引起周围物体共振、镇流器质量不良或长期使用后内部松动而使蜂鸣音超过标准规定也是常见原因。因此，要减轻蜂鸣音，可采取降压、改变安装位置和夹紧铁芯等措施。

6）新灯管灯丝烧断

新灯管刚使用，灯丝即刻烧断，其原因可能是电路接错、镇流器短路或灯管质量差造成的。首先应检查电路接线是否正确，然后检查镇流器是否短路。若镇流器无短路故障，则可能是灯管严重漏气，致使灯丝瞬间氧化冒白烟而熔断，此时必须更换灯管。

除以上 6 种故障外，有时还会出现镇流器过热、灯管低频闪光和灯管发黑等现象，只要通过检查，分析原因，采取有效措施，即可保证日光灯的正常工作，延长其使用寿命。

🎯 技能训练

实训线路装接
方法及规范

1. 任务要求与步骤

（1）总结家庭用电线路的基本结构。

（2）检测空气开关、单控开关、双控开关的好坏。

（3）对白炽灯、日光灯组件进行检测。

（4）安装并连接单相电能表。

（5）搭建简单的白炽灯照明电路（包括 220 V 交流电源、白炽灯一盏、单开单控开关一个），运用单相功率表线圈前接法和线圈后接法两种方法测量白炽灯的功率。

2. 主要设备器件

（1）实训工作台（含三相电源、端子排等）。

（2）导线、绝缘胶带。

（3）数字万用表。

（4）单相电能表、单相功率表。

（5）白炽灯、灯座、日光灯组件。

（6）单开单控开关、单开双控开关、电源插座、空气开关、熔断器等。

（7）各种电工工具。

3. 注意事项

（1）火线进开关，零线接灯头。

（2）火线用黄、绿或红色的导线，零线用黑色导线。

（3）单相功率表的接线端子在连接好线之后要用绝缘胶带做绝缘处理。

（4）通电要在教师的监护下进行。

（5）按规程操作，防止发生触电事故。

4. 任务考核

根据任务要求与步骤，对任务完成情况进行考核，考核及评分标准如表4.2.1所示。

表 4.2.1 任务考核评分表

评价类型	占比情况	序号	评价指标	分值	得分		
					自评	互评	教师评价
知识点和技能点	70	1	家庭用电线路结构总结	10			
		2	空气开关、单控开关、双控开关好坏的检测	10			
		3	白炽灯、日光灯组件的检测	10			
		4	单相电能表的安装	10			
		5	白炽灯电路的搭建	15			
		6	功率表的接线及白炽灯功率的测量	15			
职业素养	20	1	按时出勤，遵守纪律	3			
		2	专业术语用词准确、表述清楚	4			
		3	电工操作和电工仪表使用规范	6			
		4	工具整理、正确摆放	4			
		5	团结协作、互助友善	3			
劳动素养	10	1	按时完成	3			
		2	保持工位卫生、整洁、有序	4			
		3	小组任务明确、分工合理	3			

5. 总结反思

总结反思如表4.2.2所示。

表 4.2.2 总结反思

总结反思	
目标达成度：知识 ◎◎◎◎　　　能力 ◎◎◎◎　　　素养 ◎◎◎◎	
学习收获：	教师寄语：
问题反思：	签字：＿＿＿＿＿＿＿＿＿＿

6. 练习拓展

（1）总结日光灯的发光原理。

（2）结合日光灯常见故障及处理方法，总结白炽灯在使用过程中可能出现的故障，并结合故障给出相应的检修方法。

（3）结合一开双控开关的接线方式，试画出一开三控开关的接线方式。

（4）结合家庭用电线路的结构，设计办公室用电线路的电路图。

（5）能否将火线先接灯头，再串开关到零线，为什么？

任务 4.3 室内照明线路的安装和施工工艺

任务描述

本任务主要介绍家庭照明线路的布线及安装工艺，通过任务学习，学生可以了解家庭用电线路的布线规则、布线步骤及布线中需注意的问题，在此基础上，通过照明线路安装和施工工艺的介绍，了解照明线路安装和施工的基本原则和相关的技术要求及行业规范，为后续家庭照明线路的分析、设计、装接和排障奠定良好的基础。

任务目标

了解家庭用电线路的布线规则、布线步骤。

理解家庭用电线路布线中需注意的问题。

了解室内照明线路中各元件的安装要求及注意事项。

理解照明线路安装的技术要求及行业规范。

培养规范操作的意识。

培养一丝不苟、精益求精的工作态度。

培养团队分工协作的意识、树立团队意识。

知识储备

4.3.1 室内布线基本知识

1. 室内布线规则

室内电路布线属于隐蔽工程，横平竖直是最基本要求，具体布线时，不仅要按照电路布线图施工，同时还必须遵循以下几点布线原则：

（1）强弱电的间距要保持好，因为强弱电之间有一定的干扰。如果强弱电之间的间距过小，强电会干扰弱电，造成电话、电视等使用不便；反之，强弱电之间的间距过大，则造成电路布线的不合理，浪费空间等。

（2）强弱电线与暖气、热水、煤气管之间的平行间距也要把控在合理范围之内。

（3）厨房、卫生间的电线一定不能在地面上，应该往屋顶或沿墙壁走线，因为厨卫是用水较多的地方，如果把地面开槽的话，会影响它的防水性能，走顶的线可以藏在吊顶或者石膏线里面，即使出了故障，检修也方便，损失不大。

（4）家里不同区域的照明、插座、空调、热水器等电路都要从配电箱分路、分开布线，即使哪部分需要断电检修时，也不影响其他部位电器的正常使用。

（5）暗线敷设必须配管，当布管长度过长或有两个直角弯时，应该在中间加装一个分线盒，避免拆装电线时，管线太长或弯曲过多，导致线无法通过穿线管。

（6）所有导线必须有防护措施，硬质绝缘导管外露的导线要用软管保护，特别是厨卫中油烟湿气重，会对电线外皮造成腐蚀，顶板与明敷管有一定距离，塑料软管能起到保护导线的作用。

（7）在安装电线的时候，需要给电线配置保护管，保护管对于电线不仅起到保护作用，还能够在出现漏电的时候，隔绝电流，杜绝出现家庭用电安全事故。

2. 室内布线注意事项

（1）全面了解家电容量：家用电线布线之前，首先要考虑到家里用电的总量和所有的电气设备来决定电线的用量和其端口的尺寸，比如空调、烤箱等功率大的电器一定要单独使用一条线路。

（2）线路走向横平竖直：布线的施工标准是横平竖直，但是有些施工人员为了施工方便而斜拉的线路，虽然这样比较省时省力，但是非常不利于后面的检修。此外有些业主喜欢在家里挂一些壁画，而壁画施工时需要凿墙，所以很容易凿到斜拉的线路。

（3）电线要套绝缘管：把线埋入墙体时不能直接埋入，一定要把电线用绝缘管套好才能埋。其次套管中的电线不能出现接头或扭曲，一般来说在埋线时不能超过 3 个转头，超过的话要接过路盒。

3. 室内布线基本步骤

（1）定位。首先要根据家中实际的电路用途，来确定哪里需要安装开关，哪里需要安装插座，什么地方安装灯等。

（2）开槽。定位完成后，根据定位和电路走向，开布线槽。线路槽要横平竖直，开槽深度应一致，一般为 PVC 管直径 + 10 mm，要求槽线笔直。

（3）安装穿线管。穿线管有冷弯管和 PVC 管两种，冷弯管可以弯曲而不断裂，是布线的最好选择，因为它的转角是有弧度的，线可以随时更换，而不用开墙。对于长距离的线管尽量用整管，冷弯管要用弯管工具，弧度应该是线管直径的 6 倍，先排管，后用钢丝穿过，便于以后线路升级、维修。

（4）穿线。将电线穿入布好的管内，同一回路电线应穿入同根管内，电线总截面积（包括绝缘外皮）不应超过管内截面积的 40%。

（5）强弱电线距离。为防止信号干扰，强弱电（家庭用电中，工作电压在交流220 V 以上为强电，以下为弱电）的间距应为 500 mm，但很多施工达不到这个标准。如果达不到，就要对弱电进行屏蔽处理。另外需要注意，强弱电布线更不能同穿一根管内。

4.3.2　照明线路安装和施工工艺

照明电路对于每个家庭装修都是必须要做的一项，又是整个电气安装中非常重要的一项。可以说照明电路安装部署的科学合理与否关乎以后的生活幸福指数高低，设备、线材、开关等低压电器选择合理，安装部署的位置得当，线路组装可靠会让使用者完全享受到由此带来的便利且获得非常好的使用感受，反之，这些问题没有考虑周全，使用者将烦恼不断。

照明电路的组成包括外部电源的引入、电能表、漏电保护器、熔断器、插座、照明灯具、开关电器和各类电线及辅料配件。具体部署时应按照以下的规则进行：

1. 常用部件安装要求

1）单相电能表的安装

单相电能表接线盒里共有四个接线柱，从左至右依次是1、2、3、4编号。接线时按照1、3接进线（1接火线，3接零线），2、4接出线（2接火线，4接零线）。电能表安装时为确保测量精度，安装位置必须与地面保持垂直，表箱下沿离地高度应在 1.7～2 m，暗式表箱下沿离地 1.5 m 左右。一般安装在走廊、门厅、屋檐下，禁止安装在厨房、厕所等潮湿及易腐蚀场所，更不可安装在室外暴露在户外位置。对于供电部门收取电费的电能表，一般由制定部门验表，检验合格后在盒上封装铅封或塑料封，未经允许，不得拆除。

2）家用空开（漏电保护器）的接线及安装方法

（1）接线。漏电保护器的电源进线必须接在漏电保护器的正上方，即外壳上标有"进线"端；出线接在下方，即"负载"端，必须严格按照使用规则，一旦接反，容易将线圈烧毁，影响分断能力。

（2）安装。漏电保护器应安装在电能表后熔断器之前，也就是进户线进入户内，首先要接入到漏电保护器，包括零线及地线都必须接入。漏电保护器安装时必须卡扣在电源箱内横置卡扣片上，保持垂直安装。

3）开关和插座接线

开关是控制照明灯亮和灭的电气设备，家庭用开关一般采用预埋底盒，暗装的形式进行部署。家庭用插座一般也都是暗装形式，主要是三孔或两孔的单相插座。安装时应严格按照接线规则，以两孔插座为例，一般有横装和竖装两种形式，横装时，接线原则是左零右火；竖装时，接线原则是上火下零；对于三孔插座要严格按照标识来接，L 接火线，N 接零线，E 接地线。同时要严格对照导线颜色，火线用红色，零线用黑色，接地线用黄绿双色线。布线时没有黑色线时，至少也要用接近的颜色来区分。

4）开关和插座的安装

对于预埋式暗装的开关和插座，首先要在规划安装的地方开槽，按照尺寸把底盒先预埋进去，用水泥把底盒镶嵌好；按照接线规则，将提前放好的线跟开关和插座连接好，将开关、插座推入盒内，螺纹孔对准底盒，用螺钉固定，推入时注意内部线不能留太长，同时注意将面板端正，注意美观度。

5）灯具安装

对于简单的螺口灯座上的两个接线端子，连接时必须把零线连接在连通螺纹的接线端子上，把火线连接到底部中心位置的铜片接线端子上；对于底座式灯具，因无线头或金属部分外漏，两个接线端子可任意连接火线和零线。

2. 技术要求及行业规范

（1）灯具安装高度，室外不低于 3 m，室内不低于 2.5 m；室内照明电路开关安装在门边，翘板及按键开关离地 1.3 m，与门框距离 0.15～0.2 m。

（2）灯具及插座接线必须牢固，接触良好，避免通电打火现象；火线及零线严格区别，线路尤其是预埋的线路或线管内严禁有接头。

（3）导线在接入灯具处必须有绝缘保护，灯具安装要牢固，超过 3 kg 时，必须固定在预埋的吊钩或螺栓上。

（4）根据设计好的照明电路图，确定好各部件的安装位置，布局合理、结构紧凑、控制方便、美观大方。

（5）布线时先将导线拉直，布线按照横平竖直的原则，弯角处要严格安装成直角，布线时尽量减少交叉，始终谨记左零右火的原则；接线时按照先上后下、先串后并、接线到位、无露铜，线路按照规定颜色选择导线。

（6）线路安装完成后，先对照电路仔细检查各个部分，然后用万用表进行线路通断测试，所有检测无误情况下通电测试。按照负载顺序依次送电，先合上漏电保护器，然后合上灯泡开关，再合上插座空开，用对应功率负荷检查电能表的运行情况，若有问题，采用分开断电的方式排除故障，找出故障点，断电排除。在操作过程中，注意人身安全及设备安全。

技能训练

1. 任务要求与步骤

（1）利用实训台网孔板模拟一室一厅房屋，每组按照房间设计并绘制电路图（要求：卧室中控制床头灯的开关采用双控开关，其他各处开关采用单控开关即可），参考电路图如图 4.3.1 所示（K1 为双控开关）。

（2）按照绘制的电路图准备各种元器件并进行元器件的检测。

（3）根据工艺要求按绘制的电路图装接电路并进行检查。

（4）线路自查无误，并在老师进一步检查后通电运行，观察各种电气元件的运行情况。

（5）通电完毕，断开开关，切断电源，整理元器件和实训台。

2. 主要设备器件

（1）实训工作台（含三相电源、端子排等）。

（2）导线、绝缘胶带。

（3）数字万用表。

（4）单相电能表、单相功率表。

（5）白炽灯、灯座、日光灯组件。

（6）单开单控开关、单开双控开关、电源插座、空气开关、熔断器等。

（7）各种电工工具。

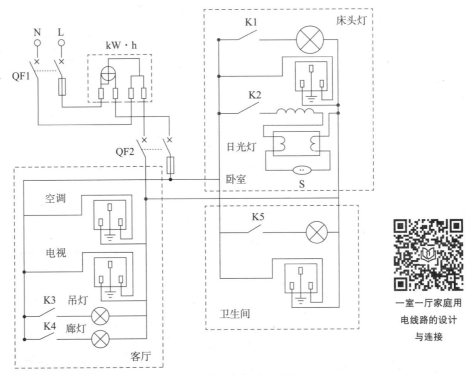

一室一厅家庭用
电线路的设计
与连接

图 4.3.1　一室一厅家庭用电线路电路图

3. 注意事项

（1）火线进开关，零线接灯头。

（2）尽量做到火线用红色的导线，零线用黑色导线，地线用黄绿相间的线，若没有对应颜色，则务必考虑用三种不同的颜色线作为区分。

（3）单相功率表的接线端子、接线端子排等在连接好线之后要用绝缘胶带做绝缘处理。

（4）通电要在教师的监护下进行。

（5）按规程操作，防止发生触电事故。

4. 任务考核

根据任务要求与步骤，对任务完成情况进行考核，考核及评分标准如表4.3.1所示。

表 4.3.1　任务考核评分表

评价类型	占比情况	序号	评价指标	分值	得分		
					自评	互评	教师评价
知识点和技能点	70	1	一室一厅家庭用电线路电路图的绘制	10			
		2	各种元器件的检测	10			
		3	实际电路的装接与检查	35			
		4	上电运行，检查各电器运行情况	5			
		5	电路拆除，实训台及元器件整理	10			

评价类型	占比情况	序号	评价指标	分值	得分		
					自评	互评	教师评价
职业素养	20	1	按时出勤，遵守纪律	3			
		2	电路图绘制规范	4			
		3	电工操作规范	6			
		4	工具整理、正确摆放	4			
		5	团结协作、互助友善	3			
劳动素养	10	1	按时完成	3			
		2	保持工位卫生、整洁、有序	4			
		3	小组任务明确、分工合理	3			

5. 总结反思

总结反思如表4.3.2所示。

表4.3.2 总结反思

总结反思
目标达成度：知识 ◎◎◎◎　　能力 ◎◎◎◎　　素养 ◎◎◎◎

学习收获：	教师寄语：
问题反思：	签字：＿＿＿＿＿＿＿＿

6. 练习拓展

（1）总结室内布线的基本原则。

（2）总结室内布线的基本步骤。

（3）总结室内布线需注意的问题。

（4）结合所学知识，总结家庭用电线路结构中各元件的安装顺序。

（5）查阅资料，列举你所了解的家庭用电线路安装过程中需要遵循的技术要求及行业规范。

（6）对照自己设计的一室一厅家庭用电线路电路图，思考如何设计能使卧室与客厅之间的连接线最少？最少需要几根？

项目五

三相电路与小型车间供电线路设计

⊚ 项目概述

　　三相交流电源是指由三个频率相同、幅值相等、相位互差 120° 的电压源（或电动势）组成的供电系统。由于其在供电、输电和用电方面具有单相交流电无法比拟的优点，因此世界上电力系统和动力用电都几乎无例外地采用三相制。本项目主要介绍三相电路的基本知识，包括三相电源、三相负载以及三相电路的功率等，通过内容的介绍，学生可以了解三相电源的特点、表示方法、相序等概念，理解三相负载不同连接方式下的线电压与相电压、线电流与相电流的关系，学会通过负载的额定电压为负载选择合适的连接方式。在此基础上，设计简单小型车间的供电线路，并且对所设计电路进行分析、检查、排障。

⊚ 项目目标

　　掌握三相电源的基本知识。
　　掌握三相负载星形连接时线电压与相电压的关系。
　　深刻理解中性线的作用。
　　掌握三相电路功率的计算方法。
　　了解小型车间用电线路的组成。
　　具备进行小型车间电路的设计、分析、检查、排障的技能。
　　培养平安操作和安全生产的意识。
　　培养爱岗敬业、遵章守法、求真务实的职业道德。
　　培养科学创新思维意识。

任务 5.1　认识三相电源

◎ 任务描述

　　本任务主要介绍三相电源基本知识，通过任务的学习，学生可以了解三相电源的组成、

133

特点及表示方法，掌握三相电源星形连接时线电压与相电压的关系，为后续车间电路的设计和分析奠定一定的基础。

任务目标

了解三相交流发电机的结构。

掌握三相对称交流电压的特点。

掌握三相对称交流电压的表示方法。

掌握三相电源两种连接的结构特点及对应连接方式下线电压和相电压的关系。

培养严谨、认真的职业态度。

提高个人独立思考、独立工作的能力。

知识储备

5.1.1 三相对称电压

三个振幅相同、频率相同、相位互相差120°的正弦电压，称为对称正弦电压。对称三相正弦电压是由三相交流发电机产生的。三相交流发电机主要由定子和转子两部分组成，定子部分包括定子铁芯和定子绕组，定子铁芯是由硅钢片叠压而成，内圆周表面有槽，在槽中放入三相定子绕组。如图 5.1.1 所示，其中，L1、L2、L3 表示三相绕组的首端，L1′、L2′、L3′表示三相绕组的末端。三相定子绕组是完全相同的且空间彼此相隔120°，把这样的三相绕组称为三相对称绕组。

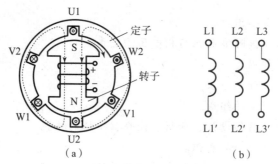

（a）　　　　　　　　　　（b）

图5.1.1　三相交流发电机示意图

（a）三相发电机；（b）三相定子绕组

三相交流发电机的转子是一个磁极，在原动机带动下匀速旋转，即发电机内部产生旋转的磁场。三相绕组会依次切割磁感线产生感应电动势。由于三相绕组在空间上两两相隔120°，所以它们产生的感应电动势彼此之间相位相差120°。三相相电压（三相感应电动势）瞬时值表达式如下所示：

$$u_1 = U_m \sin\omega t$$
$$u_2 = U_m \sin(\omega t - 120°)$$

$$u_3 = U_m \sin(\omega t - 240°) = U_m \sin(\omega t + 120°)$$

三相交流电压也可用相量表示，相量表达式如下所示：

$$\dot{U}_1 = U\angle 0° \quad \dot{U}_2 = U\angle{-120°} \quad \dot{U}_3 = U\angle{-120°}$$

三相对称交流电压的波形图和相量图如图 5.1.2 所示。

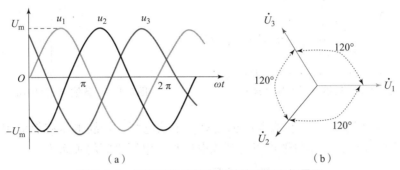

图 5.1.2　三相对称交流电压的波形图和相量图

（a）波形图；（b）相量图

从图 5.1.2 中可以看到，三相对称电压的相量是对称相量，频率相同、幅值相等。通过分析可知，对称正弦量具有以下特点：

$$\dot{U}_1 + \dot{U}_2 + \dot{U}_3 = 0 \text{（相量特点）}$$

$$u_1 + u_2 + u_3 = 0 \text{（正弦量瞬时值特点）}$$

三相交流电压在相位上的先后次序，即出现正幅值（或相应零值）的顺序称为相序。以上电压的相序为 U→V→W，称为顺相序（正相序）。在电力系统中一般用黄、绿、红三种颜色区别 U、V、W 三相。

5.1.2　三相电源的连接

三相对称交流电源一般有两种连接方式：星形连接（Ｙ形）和三角形（△形）连接。

三相电源

1. 星形连接

将电源（三相交流发电机）的三相定子绕组末端 L1′、L2′、L3′ 连在一起，三个首端 L1、L2、L3 分别引出三条输出线，作为与外电路相连接的端点，这种连接方法称为星形连接，如图 5.1.3 所示。其中，L1、L2、L3 引出的三条输电线称为相线或端线，俗称火线；L1′、L2′、L3′ 的连接点称为中性点，从中性点引出的线称为中性线，俗称零线，用 N 表示。在星形连接的电源中有两种电压，分别为线电压和相电压。相电压表示绕组首端指向末端（相线到中性线）之间的电压，相线与相线之间的电压称为线电压。

如图 5.1.3 所示，把含有三条相线、一条中性线的三相供电系统称为三相四线制供电系统。

从图 5.1.3 分析可知，线电压和相电压具有如下关系：

$$\dot{U}_{12} = \dot{U}_1 - \dot{U}_2 \quad \dot{U}_{23} = \dot{U}_2 - \dot{U}_3 \quad \dot{U}_{31} = \dot{U}_3 - \dot{U}_1$$

各线电压和相电压的相量图如图 5.1.4 所示。

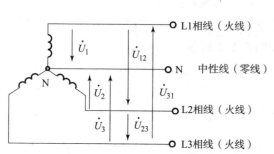

图 5.1.3　三相电源的星形连接

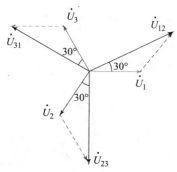

图 5.1.4　各线电压和相电压的相量图

由图 5.1.4 可以看出，三相线电压也是对称正弦电压，若线电压有效值用 U_1 表示、相电压有效值用 U_p 表示，由相量图可以得到线电压与相电压之间的关系为

$$U_1 = \sqrt{3}U_p（大小关系）$$

相量关系如下所示：

$$\dot{U}_{12} = \sqrt{3}\dot{U}_1\angle 30° \quad \dot{U}_{23} = \sqrt{3}\dot{U}_2\angle 30° \quad \dot{U}_{31} = \sqrt{3}\dot{U}_3\angle 30°$$

即在对称三相电源的星形连接中，线电压是相电压的 $\sqrt{3}$ 倍，线电压超前对应的相电压 30°。

目前，我国供电系统采用的线电压为 380 V，相电压 220 V。

2. 三角形连接

将三相电源的定子绕组首端与末端依次相连接，称为三角形连接，如图 5.1.5 所示。从各连接点引出线给用户供电，引出的三条线称为相线或端线，即火线。较三相电源的星形连接相比，三角形连接只能引出三条相线，没有中性线。

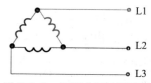

图 5.1.5　三相电源△形连接

在三角形连接中，线电压等于相电压，即 $U_1 = U_p$。

需要注意的是：每相的始端和末端不能接错，如果接错会引起环流，烧坏电源。三相交流发电机一般不采用此种接法。

🎯 技能训练

1. 任务要求与步骤

（1）在三相供电系统中，学会区分线电压和相电压。

（2）观察实训台三相交流电源的连接方式，测量对应的相电压和线电压，并与理论值进行比较（要求：使用电压表和数字万用表的电压挡两种方法测量）。

2. 主要设备器件

（1）实训工作台（含三相电源、接线端子排）。

（2）导线。

（3）电压表、数字万用表。

3. 任务考核

根据任务要求与步骤，对任务完成情况进行考核，考核及评分标准如表 5.1.1 所示。

表 5.1.1 任务考核评分表

评价类型	占比情况	序号	评价指标	分值	得分		
					自评	互评	教师评价
知识点和技能点	70	1	准确描述线电压和相电压	20			
		2	运用电压表测量线电压和相电压	30			
		3	运用数字万用表电压挡测量线电压和相电压	20			
职业素养	20	1	按时出勤，遵守纪律	3			
		2	专业术语用词准确、表述清楚	4			
		3	操作规范	6			
		4	工具整理、正确摆放	4			
		5	团结协作、互助友善	3			
劳动素养	10	1	按时完成	3			
		2	保持工位卫生、整洁、有序	4			
		3	小组任务明确、分工合理	3			

4. 总结反思

总结反思如表 5.1.2 所示。

表 5.1.2 总结反思

总结反思	
目标达成度：知识 ◎◎◎◎　　　能力 ◎◎◎◎　　　素养 ◎◎◎◎	
学习收获：	教师寄语：
问题反思：	签字：＿＿＿＿＿＿＿＿＿

5. 练习拓展

（1）描述三相电源的特点。

（2）总结辨别线电压和相电压的方法。

任务 5.2　认识三相负载

任务描述

本任务主要介绍三相负载的分类及负载的连接方式。通过本任务的学习，了解三相负载的两种种类及连接形式，掌握负载星形连接时线电压与相电压、线电流与相电流的关系，深刻理解中性线的作用，为后续小型车间供电电路的设计和分析奠定一定的基础。

任务目标

理解三相负载的两种形式。

掌握三相负载两种连接方式的结构特点。

掌握三相负载两种连接方式下线电压与相电压、线电流与相电流的关系。

深刻理解中性线的作用。

熟练进行三相电路的分析计算。

培养举一反三、学以致用的学习方法。

培养理论联系实际的能力。

知识储备

5.2.1　三相负载

交流电路中的用电设备，大体可分为两类：

一类是需要接在三相电源上才能正常工作的负载称为三相负载，如果每相负载的阻抗值和阻抗角完全相等，则为对称负载，如三相电动机。

另一类是只需接单相电源的负载，它们可以按照需要接在三相电源的任意一相相电压或线电压上。对于电源来说它们也组成三相负载，但各相的复阻抗一般不相等，所以不是三相对称负载，如照明灯。

5.2.2　三相负载的连接

在三相电路中，通常把三相负载连接成星形或者三角形两种形式。

1. 三相负载星形连接

把三相负载的一端与电源三根相线相连接，另一端连在一起（连接点用 N′ 表示，N′ 称为负载的中性点，与电源的中性点相接），如图 5.2.1 所示，称为三相负载的星形连接。把这种具有三条相线、一条中性线的供电系统称为三相四线制供电系统，如果不接中性线 NN′ 的供电系统称为三相三线制供电系统。

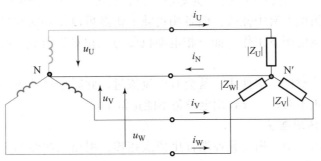

图 5.2.1 三相负载星形连接

1) 相电压和线电压

由图 5.2.1 可以看出，若忽略线路阻抗，三相负载的线电压就是电源的线电压，三相负载的相电压就是电源的相电压，所以，负载星形连接情况下，负载的线电压是相电压的 $\sqrt{3}$ 倍，即

$$U_l = \sqrt{3} U_p$$

2) 相电流和线电流

每相负载中通过的电流即为相电流，用 I_p 表示；相线中通过的电流即为线电流，用 I_l 表示。负载星形连接时，相线中的电流同时也流过各相负载，所以有线电流等于相电流，即

$$I_p = I_l$$

图 5.2.1 中，设 $|Z_U| = \sqrt{R_U^2 + X_U^2}$、$|Z_V| = \sqrt{R_V^2 + X_V^2}$、$|Z_W| = \sqrt{R_W^2 + X_W^2}$，则相电流和相电流为

$$\begin{cases} I_U = \dfrac{U_U}{|Z_U|} \\ I_V = \dfrac{U_V}{|Z_V|} \\ I_W = \dfrac{U_W}{|Z_W|} \end{cases}$$

各相负载上的相电压和相电流的相位差为

$$\begin{cases} \varphi_U = \arctan\left(\dfrac{X_U}{R_U}\right) \\ \varphi_V = \arctan\left(\dfrac{X_V}{R_V}\right) \\ \varphi_W = \arctan\left(\dfrac{X_W}{R_W}\right) \end{cases}$$

三相负载星形连接

3) 中性线电流

根据 KCL，由图 5.2.1 可计算得到中性线中的电流，即

$$i_N = i_U + i_V + i_W$$

当三相负载对称时，i_U、i_V、i_W 为一组对称正弦电流，则有 $i_U + i_V + i_W = 0$，即中性电流

为零，电源中性点 N 与负载中性点 N′为等电位点，故可将中性线去掉，而成为三相三线制供电系统。此时，虽然没有中性线，但各相负载上仍然可以得到对称的三相交流电压，各相负载仍可以在额定电压下工作。如三相电动机即为三相对称负载，所以在供电的时候可以去掉中性线。

如果三相负载不对称，中性线中就会有电流流过，此时中性线不能去掉，否则会使负载上的三相电压严重不对称，导致用电设备不能正常工作。

2. 三相负载三角形连接

如图 5.2.2 所示，把三相负载各端首尾依次相连，引出三根线与三相电源连接，称为三相负载的三角形连接。

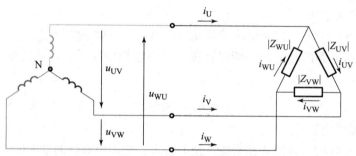

图 5.2.2　三相负载的三角形连接

1）相电压和线电压

由图 5.2.2 可知，若忽略线路上的阻抗，三相负载上的相电压就等于电源的线电压。所以，三角形负载上的线电压和相电压相等，即

$$U_l = U_p$$

2）相电流和线电流

负载三角形连接时，由图 5.2.2 可知，相电流为

$$\begin{cases} I_{UV} = \dfrac{U_{UV}}{|Z_{UV}|} \\[2mm] I_{VW} = \dfrac{U_{VW}}{|Z_{VW}|} \\[2mm] I_{WU} = \dfrac{U_{WU}}{|Z_{WU}|} \end{cases}$$

设 $|Z_{UV}| = \sqrt{R_{UV}^2 + X_{UV}^2}$、$|Z_{VW}| = \sqrt{R_{VW}^2 + X_{VW}^2}$、$|Z_{WU}| = \sqrt{R_{WU}^2 + X_{WU}^2}$，则各相负载上电压与电流的相位差为

$$\begin{cases} \varphi_{UV} = \arctan\left(\dfrac{X_{UV}}{R_{UV}}\right) \\[2mm] \varphi_{VW} = \arctan\left(\dfrac{X_{VW}}{R_{VW}}\right) \\[2mm] \varphi_{WU} = \arctan\left(\dfrac{X_{WU}}{R_{WU}}\right) \end{cases}$$

根据 KCL，线电流和各相电流的关系为

$$i_U = i_{UV} - i_{WU}$$
$$i_V = i_{VW} - i_{UV}$$
$$i_W = i_{WU} - i_{VW}$$

当三相负载对称时，三个相电流为一组对称正弦量，其相量关系如图 5.2.3 所示。由此可见，三个线电流也是一组对称正弦量，且线电流 I_l 等于相电流 I_p 的 $\sqrt{3}$ 倍（由相量图中的几何关系可以得到），即

$$I_l = \sqrt{3}I_p$$

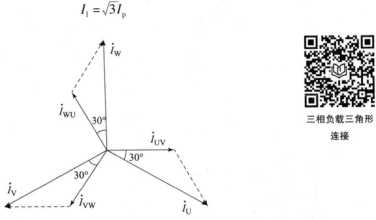

三相负载三角形
连接

图 5.2.3　三相负载三角形连接时线电流和相电流的相量关系

其相位关系为：线电流滞后于对应的相电流 30°。

需要注意的是：负载采用何种方式进行连接，是由负载的额定电压决定的。当负载额定电压等于电源相电压时，负载采用星形连接；当负载额定电压等于电源线电压时，采用三角形连接。

技能训练

1. 任务要求与步骤

（1）总结三相负载两种连接方式下相电压和线电压、相电流和线电流的关系。

（2）设计简单的三相交流电路，要求：

①三相电源和三相负载均为星形连接。

②三相负载由四个白炽灯组成：负载对称时，每相负载用一个白炽灯实现；负载不对称时，选择其中一相用两个白炽灯并联，其他两相各一个白炽灯实现。

（3）对所设计的三相电路进行装接、检查。

（4）线路自查无误，并在老师进一步检查后通电，观察各相负载的工作情况。

（5）运用电压表、电流表分别测量表 5.2.1 所示数据。

表 5.2.1　三相负载星形连接测量数据

测量数据	线电压/V			相电压/V			NN'间电压/V	相电流（线电流）/mA			中线电流/mA
	U_{UV}	U_{VW}	U_{WU}	U_U	U_V	U_W	$U_{NN'}$	I_U	I_V	I_W	$I_{NN'}$
负载对称											
负载不对称											

（6）对表 5.2.1 中数据进行分析，总结可以得出的结论。

（7）通电完毕，断开开关，切断电源，整理元器件和实训台。

2. 主要设备器件

（1）实训工作台（含三相电源、端子排等）。

（2）导线、绝缘胶带。

（3）数字万用表。

（4）交流电压表、交流电流表。

（5）白炽灯、灯座。

（6）单开单控开关、空气开关。

（7）各种电工工具。

3. 注意事项

（1）切记电压表要与被测量元件进行并联，电流表要与被测量的元件进行串联。

（2）分别用黄、绿、红色的导线代表 U、V、W 三相，零线用黑色线。

（3）交流电压表、交流电流表的接线端子在连接好线之后要用绝缘胶带做绝缘处理。

（4）通电要在教师的监护下进行。

（5）按规程操作，防止发生触电事故。

4. 任务考核

根据任务要求与步骤，对任务完成情况进行考核，考核及评分标准如表 5.2.2 所示。

表 5.2.2　任务考核评分表

评价类型	占比情况	序号	评价指标	分值	得分		
					自评	互评	教师评价
知识点和技能点	70	1	三相交流电路设计图	10			
		2	三相交流电路的装接、检查	25			
		3	上电运行，数据测量	15			
		4	数据分析、结论总结	15			
		5	元器件和实训台整理	5			

续表

评价 类型	占比 情况	序号	评价指标	分值	得分		
					自评	互评	教师评价
职业 素养	20	1	按时出勤，遵守纪律	3			
		2	专业术语用词准确、表述清楚	4			
		3	电工操作和电工仪表使用规范	6			
		4	工具整理、正确摆放	4			
		5	团结协作、互助友善	3			
劳动 素养	10	1	按时完成	3			
		2	保持工位卫生、整洁、有序	4			
		3	小组任务明确、分工合理	3			

5. 总结反思

总结反思如表 5.2.3 所示。

表 5.2.3 总结反思

总结反思	
目标达成度：知识 ◎◎◎◎　　能力 ◎◎◎◎　　素养 ◎◎◎◎	
学习收获：	教师寄语：
问题反思：	签字：_____

6. 练习拓展

（1）进一步总结三相负载星形连接时负载线电压与相电压、线电流与相电流的关系。

（2）通过测量数据，深刻体会中性线的作用并进行总结。

（3）设计三相负载三角形连接的三相交流电路（包括负载对称和不对称两种情况），并进行实际线路的装接、检查和数据测量，在此基础上，总结由测量数据得到的结论。

任务 5.3　认识三相电路功率

三相电路功率

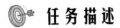 **任务描述**

本任务主要介绍三相电路的功率，通过本任务学习，掌握三相电路功率与单相电路功

率之间的关系，理解三相电路功率的两种测量方法，学会三相电路功率表和电能表的使用，为后续车间供电线路电能和功率的测量分析奠定一定的基础。

任务目标

掌握三相电路功率的计算方法。

理解三相电路功率与单相电路功率之间的关系。

理解三相电路功率的两种测量方法。

了解三相电能表的结构，并可以进行正确的安装接线。

熟练运用两表法和三表法两种方法测量三相电路的功率。

培养严谨、求真、负责的工作态度。

培养一丝不苟、精益求精的职业态度。

知 识 储 备

5.3.1 三相总功率与各相功率的关系

1. 有功功率 P

在三相交流电路中，无论负载是星形连接还是三角形连接、负载对称还是不对称，三相负载消耗的有功功率为各相负载消耗有功功率之和，即

$$P = P_U + P_V + P_W$$
$$= U_U I_U \cos\varphi_U + U_V I_V \cos\varphi_V + U_W I_W \cos\varphi_W$$

式中，φ_U、φ_V、φ_W 分别为 U 相、V 相和 W 相的相电压和相电流之间的相位差角。

2. 无功功率 Q

在三相交流电路中，三相负载的无功功率等于各相负载的无功功率之和，即

$$Q = Q_U + Q_V + Q_W$$
$$= U_U I_U \sin\varphi_U + U_V I_V \sin\varphi_V + U_W I_W \sin\varphi_W$$

式中，φ_U、φ_V、φ_W 分别为 U 相、V 相和 W 相的相电压和相电流之间的相位差角。

3. 视在功率 S

三相电路中的视在功率一般情况下不等于各相视在功率之和，即

$$S \neq S_U + S_V + S_W$$

从交流电路的功率三角形关系可知，视在功率为

$$S = \sqrt{P^2 + Q^2}$$

5.3.2 三相对称负载的功率

如果三相负载为对称负载，电路吸收的有功功率为

$$P = 3P_p = 3U_p I_p \cos\varphi$$

式中，φ 是相电压与相电流的相位差。

当对称负载是星形连接时，$U_1 = \sqrt{3}U_p$，$I_1 = I_p$；

当对称负载是三角形连接时，$U_1 = U_p$，$I_1 = \sqrt{3}I_p$。

不论对称负载是何种连接方式，总功率为

$$P = \sqrt{3}U_1I_1\cos\varphi$$

式中，φ 是相电压与相电流的相位差。

同理，对称三相负载的无功功率和视在功率分别为

$$Q = 3Q_p = 3U_pI_p\sin\varphi$$

$$Q = \sqrt{3}U_1I_1\sin\varphi$$

$$S = 3U_pI_p = \sqrt{3}U_1I_1$$

需要注意的是：在电源电压不变时，同一负载，连接方式不同则负载的有功功率也不同。所以，一般三相负载在电源电压一定的情况下，都有确定的连接形式（星形连接或三角形连接），不能任意连接。

5.3.3　三相功率的测量

1. 对称三相电路功率的测量

对称三相电路即三相电源对称、三相负载也对称的三相电路。以下分别从三相四线制和三相三线制两种情况讨论。

对三相四线制系统，测三相平均功率的接线图如图 5.3.1 所示。它的接线特点是每个功率表所接的电压均是以中性点 N 为参考点，三个功率表 W1、W2 和 W3 的读数分别为 P_U、P_V 和 P_W，可用下式表示为

$$P_U = U_{UN}I_U\cos\varphi_U$$

$$P_V = U_{VN}I_V\cos\varphi_V$$

$$P_W = U_{WN}I_W\cos\varphi_W$$

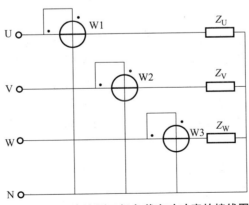

图 5.3.1　三表法测三相负载有功功率的接线图

三相负载的总功率为 $P = P_U + P_V + P_W$。三个表的读数均有明确的物理意义，即 P_U、P_V 和 P_W 分别表示 U 相、V 相和 W 相负载各自吸收的有功功率，这就是三表法。这种接线方

法是最容易理解的。

对于三相三线制系统（Y接或△接），由于没有中性线，故图5.3.1所示的接法便不存在，此时可以采用两表法进行测量，如图5.3.2所示。此时，每组接线中单个功率表的读数没有明确的物理意义，两个表读数的代数和表示三相负载吸收的总有功功率。

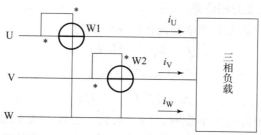

图5.3.2　两表法测量三相负载有功功率的接线图

图5.3.2中，两个表W1和W2的读数分别为

$$P_1 = U_{UW}I_U\cos\varphi_1 \quad <u_{UW}i_U>$$
$$P_2 = U_{VW}I_V\cos\varphi_2 \quad <u_{VW}i_V>$$

如果是对称三相电路，上面表达式可进一步简化为

$$P_{UW} = U_1I_1\cos(30° - \varphi)$$
$$P_{VW} = U_1I_1\cos(30° + \varphi)$$

即

$$P_{UW} = U_1I_1(\cos30°\cos\varphi + \sin30°\sin\varphi)$$
$$P_{VW} = U_1I_1(\cos30°\cos\varphi - \sin30°\sin\varphi)$$

所以

$$P_{UW} + P_{VW} = 2U_1I_1\cos30°\cos\varphi = \sqrt{3}\,U_1I_1\cos\varphi$$

即得到的功率为三相负载总的有功功率。其中，U_1、I_1分别为线电压和线电流；φ为负载的阻抗角。

2. 不对称三相电路的功率测量

不对称三相电路又可分为三相电源对称、负载不对称和电源、负载均不对称等情况。在本书的功率测量方法讨论中，它们并无差别。下面分别从三相四线制和三相三线制两种情况讨论：

（1）不对称三相四线制系统。与对称三相电路不同，当负载不对称时，中性线电流$i_N \neq 0$，所以两表法不再成立，而必须用三表法测得三相负载的总功率，测量接线图仍可以采用图5.3.1所示的接线方法。

（2）不对称三相三线制（Y接和△接）系统。其功率测量接线只有图5.3.2所示的两表法接线方式。

不对称三相三线制系统的例外情况是星形连接时中性点可以引出的情况，此时可以将功率表的公共点接在中点，即仍可以用三表法测三相功率。

5.3.4　三相电能表

三相电能表是用于测量三相交流电路中电源输出（或负载消耗）电能的仪表，它的工作原理与单相电能表完全相同，只是在结构上采用多组驱动部件和固定在转轴上的多个铝盘的方式，以实现对三相电能的测量。

三相功率表和三相
电能表的使用

三相电能表适用于计量额定频率为 50 Hz 或 60 Hz 的三相四线交流有功电能，固定安装在室内使用，适用于空气中不含有腐蚀性气体的环境中，在使用时，还应避免沙尘、霉菌、盐雾、凝露、昆虫等。三相电能表的外观图及内部端子排列情况如图 5.3.3 所示。

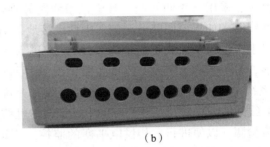

（a）　　　　　　　　　　　　　　　（b）

图 5.3.3　电能表外观图

（a）外观图；（b）内部端子排列情况

电能表内部共有 10 个接头，面对电能表下面接线端子，1~9 端中有 6 个接线孔在一条直线上，则这 6 个接线端分别为 A、B、C（或 U、V、W）相电流互感器引出进电能表电流线圈的，1~9 端中有 3 个接线孔在一条直线上，这 3 个接线端分别为 A、B、C（或 U、V、W）相母线（火线）引来进电能表电压线圈。其中，1~3 端中在一条直线上的两孔接 A（U）相电流互感器，4~6 端中在一条直线上的两孔接 B（V）相电流互感器，7~9 端中在一条直线上的两孔接 C（W）相电流互感器；1~3 端中另外一根接 A（U）相相线（火线），4~6 端中另外一根接 B（V）相相线（火线），7~9 端中另外一根接 C（W）相相线（火线）。三相电能表接线图如图 5.3.4 所示。

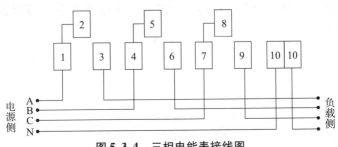

图 5.3.4　三相电能表接线图

5.3.5 三相三线制、三相四线制和三相五线制的特点与区别

三相三线制电路：多是指 10 kV 电压及以上高压线路。三相三线制有不引出中性线的星形接法和三角形接法两种。电力系统高压架空线路一般采用三相三线制，三条线路分别代表 A、B、C（U、V、W）三相。通常在野外看到的输电线路即有三根线（即三相），三根线可能水平排列，也可能是三角形排列的；对每一相可能是单独的一根线（一般为钢芯铝绞线），也有可能是分裂线（电压等级很高的架空线路中，为了减小电晕损耗和线路电抗，采用分裂导线，多根线组成一相线，一般 2～4 分裂，在特高压交直流工程中可能用到 6～8 分裂），没有中性线，故称三相三线制。三相交流发电机的三个定子绕组末端连接在一起，从三个绕组的始端引出三根火线向外供电、没有中线的三相制叫三相三线制。大部分供电局为了解决回路带来的问题，很多时候 B（V）相无电流和电压，充当回路作用。

三相四线制电路：多是指 660 V/380 V/220 V 低压线路。三相四线制，在低压配电网中，输电线路一般采用三相四线制，其中三条线路分别代表 A、B、C（U、V、W）三相，另一条是中性线 N（如果该回路电源侧的中性点接地，则中性线也称为零线，如果不接地，则从严格意义上来说，中性线不能称为零线）。在进入用户的单相输电线路中，有两条线，一条称为火线，另一条称为零线，零线正常情况下要通过电流以构成单相线路中电流的回路。而三相系统中，三相平衡时，中性线（零线）是无电流的；在 380 V 低压配电网中，为了从 380 V 线间电压中获得 220 V 相间电压而设中性线（或 N 线），有的场合也可以用来进行零序电流检测，以便进行三相供电平衡的监控。不论 N 线（中性线）还是 PE 线（保护接地线），在用户侧都要采用重复接地，以提高可靠性。但是，重复接地只是重复接地，它只能在接地点或靠近接地的位置接到一起，绝不表明可以在任意位置特别是户内接到一起，这一点一定要切记！

三相五线制电路：三相五线指的是三根相线和一根零线加一根接地线的配电方式。从安全上考虑，目前施工现场基本上都要求采用三相五线制的配电方式。三相五线制，是指 A、B、C、N 和 PE 线，其中，PE 线是保护地线，也叫安全线，是专门用于接到诸如设备外壳等保证用电安全的。PE 线在供电变压器侧和 N 线接到一起，但进入用户侧后绝不能当作零线使用，否则，发生混乱后就与三相四线制无异了。由于这种混乱容易让人丧失警惕，所以可能在实际中更加容易发生触电事故。零线与 PE 线的根本区别在于：零线构成回路，PE 线仅起保护作用。现在民用住宅供电已经规定要使用三相五线制，如果不是，可以要求整改。为了安全，要斩钉截铁地要求使用三相五线制，且应用中最好使用标准、规范的导线颜色：A 相用黄色，B 相用绿色，C 相用红色，N 线用淡蓝色（或黑色），PE 线用黄绿双色。

◎ 技 能 训 练

1. 任务要求与步骤

（1）准确表述两表法和三表法测量三相电路功率的原理。

（2）设计简单的三相交流电路，要求采用对称负载形式，每相负载用一个白炽灯实现。

（3）对所设计的三相电路进行装接、检查，具体接线顺序为：三相交流电源→三相电能表→空气开关→负载。

（4）线路自查无误，并在老师进一步检查后通电，观察各相负载的工作情况。

（5）无中性线时，运用两表法测量功率。

（6）有中性线时，运用三表法测量功率。

（7）对比两种情况下功率的测量情况。

2. 主要设备器件

（1）实训工作台（含三相电源、端子排等）。

（2）导线、绝缘胶带。

（3）数字万用表。

（4）三相电能表、三相功率表。

（5）白炽灯、灯座。

（6）空气开关。

（7）各种电工工具。

3. 注意事项

（1）分别用黄、绿、红色的导线代表 U、V、W 三相。

（2）三相功率表的接线端子在连接好线之后要用绝缘胶带做绝缘处理。

（3）通电要在教师的监护下进行。

（4）按规程操作，防止发生触电事故。

4. 任务考核

根据任务要求与步骤，对任务完成情况进行考核，考核及评分标准如表5.3.1所示。

表5.3.1　任务考核评分表

评价类型	占比情况	序号	评价指标	分值	得分		
					自评	互评	教师评价
知识点和技能点	70	1	表述三表法和两表法测量三相电路功率的原理	10			
		2	三相交流电路的装接、检查	25			
		3	两表法测量三相电路功率	12			
		4	三表法测量三相电路功率	12			
		5	两次测量数据对比分析	6			
		6	元器件和实训台整理	5			
职业素养	20	1	按时出勤，遵守纪律	3			
		2	专业术语用词准确、表述清楚	4			
		3	电工操作和电工仪表使用规范	6			
		4	工具整理、正确摆放	4			
		5	团结协作、互助友善	3			

续表

评价类型	占比情况	序号	评价指标	分值	得分		
					自评	互评	教师评价
劳动素养	10	1	按时完成	3			
		2	保持工位卫生、整洁、有序	4			
		3	小组任务明确、分工合理	3			

5. 总结反思

总结反思如表5.3.2所示。

表5.3.2　总结反思

总结反思	
目标达成度：知识 ◎◎◎◎　　能力 ◎◎◎◎　　素养 ◎◎◎◎	
学习收获：	教师寄语：
问题反思：	签字：＿＿＿＿＿＿＿＿＿＿

6. 练习拓展

（1）进一步总结三表法和两表法测量三相电路功率的原理。

（2）设计负载三角形连接的三相电路（包括对称负载和不对称负载两种情况）并进行实际电路的装接，在此基础上，选择合适的方法测量电路的总功率。

任务5.4　小型车间供电线路设计

任务描述

本任务主要介绍小型车间供电线路的设计，具体包括照明电路及一般用电设备的供电。通过任务学习，学生可以具备一定的配电安装工艺知识，掌握正确对导线进行剖削和连接的方法，根据具体电路参数选择合适的元器件，并学会检测和排除电路故障的方法。在此基础上，进一步严格遵守电工安全操作规程，培养安全用电和节约原材料的意识。

任务目标

了解小型车间供配电设计的要求。

运用所学知识，进行小型车间供电线路的设计。

掌握三相四孔插座的接线方法。

掌握车间供电线路中相关参数计算及元器件选择方法。

进一步巩固掌握实际线路的设计、装接、检查和排障的方法。

进一步具备复杂线路的检查和排除电路故障的技能。

培养平安操作和安全生产的意识。

培养实践动手能力和创新能力。

培养发现问题和解决问题的能力。

知识储备

5.4.1　小型车间供配电设计的要求

电能是工业生产的主要动力能源，小型车间供电线路的设计任务是从电力系统取得电源，经过合理的传输、变换、分配到车间中每一个用电设备上。供电线路设计是否完善，不仅影响工厂的基本建设投资、运行费用和有色金属消耗量，而且也反映到工厂的可靠性和工厂的安全生产上，它与企业的经济效益、设备和人身安全等是密切相关的。

做好车间供配电工作，对于促进工业生产、降低产品成本、实现生产自动化和工业现代化有着十分重要的意义。对车间供配电的基本要求主要有以下几点：

（1）安全。在电能的供应、分配和使用中，不应发生人身事故和设备事故。

（2）可靠。应满足用电设备对供电可靠性的要求。

（3）优质。应满足用电设备对电压和频率等供电质量的要求。

（4）经济。供配电应尽量做到投资省，年运行费用低，尽可能减少有色金属消耗量和电能损耗，提高电能利用率。

5.4.2　电气照明设计

工业照明分为自然照明（天然采光）和人工照明两大类，电气照明是人工照明中应用范围最广的一种照明方式，它是供配电系统中不可缺少的重要组成部分。实践和实验都证明，照明设计是否合理，将直接影响到生产产品的质量和劳动生产率及工人的视力健康。因此电气照明的合理设计对工业生产具有十分重要的意义。

1. 照明光源

照明光源是照明器的主要部件，主要提供发光源，在照明工程中使用的各种光源可以依据其工作原理、构造等特点加以分类。根据光源的工作原理主要分为两大类：一类是利用物体加热时辐射发光的原理做成的光源称为热辐射光源，如白炽灯、卤钨丝灯等；另一类是利用气体放电时发光的原理所做成的光源称为气体放电光源，如荧光灯、氙灯、钠灯等。其中气体放电光源按放电形式又可分为辉光放电（如霓虹灯）和弧光放电（如荧光灯、钠灯）。

光源的主要技术特性有光效、寿命、色温等，有时这些技术特性是相互矛盾的，在实际选用时，一般先考虑光效高、寿命长等主要指标，其次再考虑显色指数、启动性能等次要指标。

2. 灯具的选择

光源与其配用的灯具（这里主要指灯罩）统称为照明器。灯具的作用是固定光源，将光源的光线按需要的方向进行分布，保护光源不受外力损伤。裸露的灯泡所发出的光线是射向四周的，为了充分利用光能，加装灯罩后使光线重新分配，称为配光。灯具也有多种分类方式，按灯具的配光特性来进行分类有两种：一种是传统分类法，传统分类是根据灯具的配光曲线形状进行分类，分为正弦分布型、广照型、漫射型、配照型、深照型、特深照型；另一种是国际照明委员会（CIE）提出的分类法，CIE分类是根据灯具向下和向上投射光通量的百分比进行分类，分为直接照明型、半直接照明型、均匀漫射型、半间接照明型、间接照明型。按灯具的结构特点分类，有开启型、闭合型、封闭型、密闭型、防爆型。

室内灯具在悬挂问题上，不宜悬挂过高或过低。过高会降低工作面上的照度且维修不方便；过低则容易碰撞且不安全，另外还会产生炫光，降低人眼的视力。

3. 导线基本知识

导线的选择是设计中的重要内容之一。导线是传输电能的主要器件，选择得合理与否，直接影响到有色金属的消耗量与线路投资以及电力网的安全经济运行。导线目前提倡采用铜线，以减少损耗，节约电能，而在易爆炸、腐蚀严重的场所以及用于移动设备、检测仪表接线等，必须采用铜线。

导线的选择，必须满足用电设备供电安全可靠，尽量节省投资、布局合理、维修方便。导线的选择包括两个方面：型号选择和截面选择。车间内采用的配电线路多为绝缘导线。绝缘导线的芯线材料有铝芯和铜芯两种。绝缘导线外皮的绝缘材料有塑料绝缘和橡胶绝缘。塑料绝缘的绝缘性能良好、价格低，可节约橡胶和棉纱，在室内敷设可取代橡胶绝缘线，因而橡胶绝缘线现在很少使用。塑料绝缘线不宜在户外使用，以免高温或低温时变硬变脆。

常用的塑料绝缘线型号有：BLV（BV）、BLVV（BVV）、BVR。常用的橡皮绝缘线型号有：BLX（BX）、BBLX（BBX）、BLXF等。

4. 导线的敷设

供电线路的敷设方式需要根据车间的环境特点、分类、建筑物的结构、安装上的要求及安全、经济、美观等条件来确定。

导线在敷设时应注意导线的敷设路径力求少弯曲，弯曲半径与导线外径的倍数关系应符合有关规定，以免弯曲扭伤；另外在敷设条件许可下，可给导线考虑1.5% ~ 2%的长度余量，作为检修时备用。除此之外，车间线路敷设还应满足下列安全要求：

（1）离地面3.5 m及以下的电力线路应采用绝缘导线，离地面3.5 m以上的电力线路允许采用裸导线。

（2）离地面2 m及以下的导线必须加以机械保护，如穿钢管或穿塑料管保护。

（3）要有足够的机械性能。

（4）树干式干线必须明敷，以便于分支。工作电流在300 A以上的干线，在干燥、无腐蚀气体的厂房内可采用硬裸导线。

绝缘导线的敷设方式有明敷和暗敷两种。明敷是指导线直接穿在管子、线槽等保护体内，敷设于墙壁、顶棚的表面以及桁架、支架等处；暗敷是指在建筑物内预埋穿线管，再在管内穿线。

绝缘导线明敷时必须符合下述条件：

（1）车间内采用绝缘子敷设时，绝缘导线间的间距应大于规定的数值，水平敷设时，绝缘导线距地面不宜小于 2.5 m；垂直敷设时不宜低于 2 m，否则应采用钢管或槽板加以保护。

（2）绝缘导线在室外明敷设时，在架设方法和触电危险性等方面的要求与裸导线的敷设方法基本一样。

（3）绝缘导线明敷在高温辐射或具有对导线绝缘有损坏作用的介质地点时，其线间距离不得小于 100 mm。

（4）供配电的电网电压在 1 kV 及以下时，允许沿建筑物外墙布线（称为屋外布线），但应设置切断所有线路导线电源的总开关。

绝缘导线穿管敷设（暗敷）时必须符合下述条件：

（1）线槽布线及穿管布线的导线中间不许直接接头，接头必须经专门的接线盒。

（2）穿金属管或金属线槽的交流线路，应将同一回路的所有相线和中性线（如有中性线时）穿于同一管、槽内，否则，如果只穿部分导线，则由于线路电流不平衡而产生交流磁场作用于金属管、槽，在金属管、槽内产生涡流损耗，钢管还将产生磁滞损耗，使管、槽发热，导致其中导线过热甚至可能烧毁。

（3）电线管路与热水管、蒸气管同侧敷设时，应敷设在水、蒸气管的下方；有困难时，可敷设在其上方，但相互间距应适当增大或采取隔热措施。

5.4.3　相关参数计算及元器件选择

1. 用电负荷计算

车间供电负荷在计算时要考虑，在系统中，并不是所有用电设备都同时运行，即使同时运行的设备也不一定每台都达到额定容量，因此不能用简单地把所有用电设备的容量相加的方法来确定计算负荷。

1）计算负荷的估算法

在做设计任务书或初步设计阶段，尤其当需要进行方案比较时，只需要估算。

（1）单位产品耗电量法：已知车间的生产量及每一单位产品电能消耗量，计算年电能需要量。

（2）车间生产面积负荷密度法：当已知车间生产面积负荷密度指标时，求车间的平均负荷。

2）计算负荷的方法

（1）对单台。供电线路在 30 min 内出现的最大平均负荷即计算负荷。

（2）多组用电设备的负荷计算。

第一种是需要系数法，具体步骤如下：①将用电设备分组，求出各组用电设备的总额定容量。②查出各组用电设备相应的需要系数及对应的功率因数。③用需要系数法求车间或全厂计算负荷时，需要在各级配电点乘以同期系数。

第二种是利用系数法，具体步骤如下：①将用电设备分组，求出各用电设备组的总额定容量。②查出各组用电设备的利用系数及对应的功率因数，求出平均负荷。③由平均负荷乘以形状系数，求计算负荷的有效值。

在负荷计算基础上，确定线路工作时的最大电流并以最大电流为选用依据，且预留有20%的余量。

2. 导线选择

导线的选择应根据现场实际的特点和用电负荷的性质、容量等合理选择导线型号、规格。目前列入国家标准的导线型号和名称如表5.4.1所示。

表5.4.1 导线型号和名称

型号	名称
lj	铝绞线
lgj	钢芯铝绞线
lgjf	防腐型钢芯铝绞线
gj	钢绞线

导线型号由导线的材料、结构和载流截面积组成，并分别用中文字母和数字来表示。前一部分用汉语拼音第一个字母表示：如 t 表示铜；l—表示铝；j—表示多股绞线或加强型；q—表示轻型；h—表示合金；g—表示钢；f—表示防腐。拼音字母横线后面的数字表示载流部分的标称截面积（mm^2）；如标称截面积为 240 mm^2 的铝绞线表示为 lj - 240GB1179—2017；标称截面积为铝 300 mm^2、钢 50 mm^2 的钢芯绞线，表示为 lgj - 300/50GB1179—2017，或简写为 lgj—300/50。

导线的规格是按照载流部分的标称截面积来区分的，我国常用的导线系列主要有 16 mm^2、25 mm^2、35 mm^2、50 mm^2、70 mm^2、95 mm^2、120 mm^2、150 mm^2、185 mm^2、210 mm^2、240 mm^2、300 mm^2、400 mm^2、500 mm^2、630 mm^2、800 mm^2等。

此外，对于相线 L、零线 N 和保护零线 PE 应采用不同颜色的导线。国内标准规定：黄色 A 相（L1）、绿色 B 相（L2）、红色 C 相（L3）、黑色为零线（N），黄和绿的双色线为接地保护线。如果是纯三相负载的三相电线路，黑色线也可以作为接地保护线使用。

3. 三相电源插座

三相电源插座，即三相插座，供电电压一般为 380 V 交流电，主要用于动力设备的插座，多为工业中大部分交流用电设备提供便捷电源。

三相电源插座，包括底座及固定在其上的带有端子的金属触头和开有与每个触头相对应插孔的外壳，其特征在于设有两个插入座位，对应的触头由导电片相连构成一种两个互补的插入座位，且外壳内侧各插孔之间设有隔离板。当三相插头插入一个插入座位，发现相序不符时，则插入另一个插入座位，其相序就可相符，不需打开插头或设备进行翻线。

三相电源插座外观如图 5.4.1 所示，一般为四孔插座，有 L1、L2、L3 三条相线加地线，没有零线。如果用电设备需要零线，需把四孔插座改为五孔插座（3 根相线、1 根地线和 1 根零线）。依照黄、绿、红的顺序分别接 L1、L2、L3，如相序与用电设备不符，将任意两相对调即可。

图 5.4.1 (a) 图中，插座下方三个孔为火线，分别是：黄线（L1 线）对应插座右侧

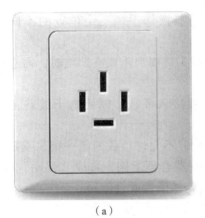
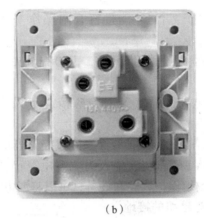

三相电源插座

（a）　　　　　　　　　　　　（b）

图 5.4.1　三相电源插座外观

（a）正面图；（b）背面图

接口（背面 L1 口）、绿线（L2 线）对应插座下侧接口（背面 L2 口）、红线（L3 线）对应插座左侧接口（背面 L3 口）、黄绿双色线（PE 线）对应插座上方接口（地线）。

插座的形式有固定式和移动式两种。固定式插座就是将插座整体固定在墙面上或其他不须移动的物体表面上，有两种安装形式：

（1）暗装插座。所谓暗装就是插座的表面与墙面基本平齐，暗装的插座主要是美观，大多用于宾馆、实验室等民用建筑内。

（2）明装插座。明装的三相插座大多用于生产车间，其优点是便于维护和检查。

移动式插座就是插座不固定在不可移动的物体表面，可方便移动作业。

4. 断路器的选择和使用

断路器也称为自动空气开关，在项目二中已进行了相关介绍，在具体选择时，要遵循以下原则：

（1）断路器的额定电压、电流应大于或等于线路设备的正常工作电压和电流。

（2）线路应保护的漏电电流要小于或等于断路器的规定漏电保护电流。

（3）断路器的极限通断能力应大于或等于电路最大短路电流。

（4）过载脱扣器的额定电流大于或等于线路的最大负载电流。

（5）有较短的分断反应时间，能够起到保护线路和设备的作用。

断路器在使用过程中要注意以下几点：

（1）电路接好后，应检查接线是否正确，可通过试验按钮加以检查：如断路器能正确分断，说明漏电保护器安装正确，否则应检查线路，排除故障。在漏电保护器投入运行后，每经过一段时间，用户应通过试验按钮检查断路器是否正常运行。

（2）断路保护器的漏电、过载、短路保护特性是由制造厂设定的，不可随意调整，以免影响性能；试验按钮的作用在于断路器在新安装或运行一定时期后，在合闸通电的状态下对其运行状态进行检查。按动试验按钮，断路器能分断，说明运行正常，可继续使用；如断路器不能分断，说明断路器或线路有故障，需进行检修。

（3）断路器因被保护电路发生故障（漏电、过载或短路）而分断，则操作手柄处于脱扣位置（中位置），查明原因排除故障后，应先将操作手柄向下扳（即置于"分"位置），使操作机构"再扣"后，才能进行合闸操作（注意断路器操作手柄三个位置的不同含义）。

（4）断路器因线路短路断开后，需检查触头，若主触头烧损严重或有凹坑时，需进行维修。

（5）四极漏电断路器（某些特殊情况下采用）必须接入零线，以使电子线路正常工作。

（6）漏电断路器的负载接线必须经过断路器的负载端，不允许负载的任一相线或零线不经过漏电断路器，否则将产生人为"漏电"而造成断路器合不上闸，造成"误动"。此外，为了更加有效地保护线路和设备，可以将漏电断路器与熔断器配合使用。

5. 三相异步电动机的接地

电气设备的某部分与大地之间做良好的电气连接称为接地。埋入地中并直接与土壤相接的金属导体，称接地体或接地极，如埋地的钢管、角铁等。电气设备应接地部分与接地体（极）相连接的金属导体（线）称为接地线。接地线在设备正常运行情况下是不载流的，但在故障情况下要通过接地故障电流。接地体与接地线总称接地装置，由若干接地体在大地中用接地线相互连接起来的一个整体，称为接地网。其中接地线又分接地干线和接地支线。

三相异步电动机在运行中，由于在任意时刻三相电的相量之和为零，即使接了零线也没有电流存在，所以三相电动机没有零线，且三相异步电动机工作时所需电压是 380 V，即三相电动机要接三相电源线，而没有零线。所以对于三相电动机而言，接地保护显得尤为重要。

电动机外壳接地（或安装接地线）的作用是防止某些相绝缘破损使外壳带电导致人发生触电事故。对于电动机而言，目前一般采用的是 TN – S 系统（低压配电系统的保护接地按接地形式分为 TN 系统、TT 系统和 IT 系统 3 种）。TN 系统的电源中性点直接接地，并引出有中性线（N 线）、保护线（PE 线）或保护中性线（PEN 线），属于三相四线制或五线制系统。如果系统中的 N 线与 PE 线全部合为 PEN 线，则此系统称为 TN – C 系统，如果系统中的 N 线与 PE 线全部分开，则此系统称为 TN – S 系统，用专门的保护接地线，电动机接地时可以直接通过电缆内部的接地线进行连接，电动机也有专门的接地接线端子。为了降低接触阻抗，禁止使用电动机的接线盒盖、风扇盖等可拆卸部件作为接地连接端。

使用变频器控制，可以采用变频专用电缆，变频器驱动电动机在电缆线上会产生感生电流，电动机外壳和变频器的 PE 线连接后，再通过配电柜的外壳连接至大地，这样导线上的感生电流就会沿 PE 连接线返回到变频器的直流母线，使干扰降到最低。

技能训练

1. 任务要求与步骤

（1）结合任务知识介绍，设计小型车间供电线路，参考电路如图 5.4.2 所示。

（2）按自己所设计的电路图准备好所需的元器件并进行每个元器件的检测。

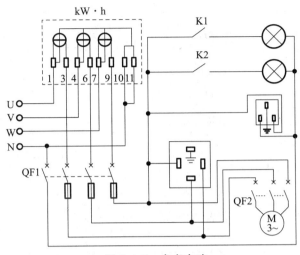

小型车间用电线
路的设计

图 5.4.2 参考电路

(3) 按所设计电路图进行实际线路的装接和检查。

(4) 线路自查无误，并在老师进一步检查后通电，观察线路整体工作情况。

2. 主要设备器件

(1) 实训工作台（含三相电源、端子排等）。

(2) 导线、绝缘胶带。

(3) 三相电能表、数字万用表、摇表。

(4) 空气开关、单控开关。

(5) 白炽灯、灯座、单相插座、三相插座。

(6) 三相异步电动机。

(7) 各种电工工具。

3. 注意事项

(1) 分别用黄、绿、红色的导线代表 U、V、W 三相，零线用黑色线。

(2) 电动机外壳进行保护接地。

(3) 端子排在连接好线之后要用绝缘胶带做绝缘处理。

(4) 改接线路时必须先断开电源，每次接完线，须认真检查线路方可通电。

(5) 通电要在教师的监护下进行。

(6) 按规程操作，防止发生触电事故。

(7) 任务实施过程中，注意人体不要触及带电的金属部分，以免触电。

4. 任务考核

根据任务要求与步骤，对任务完成情况进行考核，考核及评分标准如表 5.4.2 所示。

表 5.4.2　任务考核评分表

评价类型	占比情况	序号	评价指标	分值	得分		
					自评	互评	教师评价
知识点和技能点	70	1	车间供电线路的设计图	20			
		2	元器件的准备及检测	10			
		3	车间供电线路的装接与检查	30			
		4	试车运行	10			
职业素养	20	1	按时出勤，遵守纪律	3			
		2	专业术语用词准确、表述清楚	4			
		3	电工操作和电工仪表使用规范	6			
		4	工具整理、正确摆放	4			
		5	团结协作、互助友善	3			
劳动素养	10	1	按时完成	3			
		2	保持工位卫生、整洁、有序	4			
		3	小组任务明确、分工合理	3			

5. 总结反思

总结反思如表 5.4.3 所示。

表 5.4.3　总结反思

总结反思	
目标达成度：知识 ◎◎◎◎　　能力 ◎◎◎◎　　素养 ◎◎◎◎	
学习收获：	教师寄语：
问题反思：	签字：_____

6. 练习拓展

（1）小型车间供配电设计的基本要求有哪些？

（2）如何实现三相异步电动机的接地保护？

（3）思考改变三相异步电动机的进线位置，电动机旋转方向有什么不同，为什么？

（4）漏电保护器如何使用？

项目六

三相异步电动机控制电路设计

◎ 项目概述

三相异步电动机作为各种机械的动力源，广泛地应用在工农业生产、交通运输中。本项目介绍三相异步电动机的工作原理以及典型的控制方式。通过本项目的学习，将使学生了解三相异步电动机的结构及工作原理，学会常用低压电器元件的使用、安装、检测；具备对三相异步电动机电气线路的一般识图、设计能力；完成三相异步电动机电气线路的设计、装接并且能够对电路故障进行分析与处理。

◎ 项目目标

理解三相异步电动机的转动原理。

掌握三相异步电动机的连接形式。

熟悉三相异步电动机的铭牌数据。

具备根据实际应用条件选择电动机的能力。

进行简单电气原理图的识读和设计。

可以进行三相异步电动机Y－△降压启动和连续运行控制线路的设计和接线。

掌握对电气线路进行检查并排除故障的方法和技能。

培养严谨认真的工作态度。

培养一丝不苟、精益求精的职业精神。

培养团队合作、互助友善的团队精神。

任务 6.1　认识三相异步电动机

◎ 任务描述

三相异步电动机广泛地应用在生产和生活的方方面面，为各种设备提供稳定可靠的动力。通过本任务的学习，熟悉三相异步电动机的结构，理解三相异步电动机的旋转磁场产生过程及转动原理,在此基础上,掌握三相异步电动机的各铭牌数据,并可以结合具体的要求选择合适的电动机。

🎯 任务目标

了解三相异步电动机的结构。
理解旋转磁场的产生及特点。
理解三相异步电动机的工作原理。
掌握三相异步电动机反转的实现方法。
掌握三相异步电动机的铭牌数据。
培养获取信息并整理利用信息的能力。
培养综合及系统分析问题的能力。

🎯 知识储备

电机的分类
及适用场合

6.1.1 三相异步电动机的结构

三相异步电动机是感应电动机的一种,是靠同时接入三相交流电供电的一类电动机。三相异步电动机由固定的定子和旋转的转子两个基本部分组成,转子装在定子内腔里,借助轴承被支撑在两个端盖上。为了保证转子能在定子内自由转动,定子和转子之间必须有一间隙,称为气隙。电动机的气隙是一个非常重要的参数,其大小及对称性等对电动机的性能有很大影响。图6.1.1所示为三相笼型异步电动机的结构。

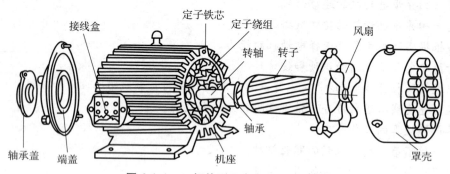

图6.1.1 三相笼型异步电动机的结构

1. 定子

定子是电动机的固定部分,主要由定子铁芯、定子绕组、机座等组成,其作用为产生旋转磁场,固定整个电动机。

1)定子铁芯

定子铁芯是电动机磁路的一部分,由相互绝缘的硅钢片叠成圆筒形状,硅钢片内圆周表面有均匀分布的槽,用来安放三相绕组。为了减小在铁芯中引起的损耗,铁芯一般采用0.5 mm厚的高导磁硅钢片叠成,且硅钢片两面涂有绝缘漆。图6.1.2所示为定子铁芯的结构。

2）定子绕组

定子绕组是电动机的电路部分，三相异步电动机的定子绕组是三相绕组，即由三个空间互差120°电角度、对称排列、结构完全相同绕组连接而成，这些绕组的各个线圈按一定规律分别嵌放在定子铁芯各槽内。定子绕组线圈是由带有绝缘的铜导线或铝导线绕制而成的，中、小型三相电动机多采用圆漆包线，大、中型三相电动机的定子线圈则用较大截面积的绝缘扁铜线或扁铝线绕制后，再按一定规律嵌入定子铁芯

图6.1.2　定子铁芯的结构

槽内。三相定子绕组的六个出线端都引至接线盒上，首端分别标为U1、V1、W1，末端分别标为U2、V2、W2。这六个出线端在接线盒里的排列如图6.1.3所示，可以接成星形或三角形。

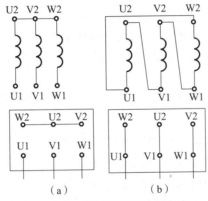

图6.1.3　定子绕组的连接方式

（a）Y形连接；（b）△形连接

3）机座

机座的主要作用是固定、支撑定子铁芯和固定端盖，并通过两个端盖支撑转子，固定整个电动机。中小型异步电动机一般采用铸铁机座，大型电动机一般采用钢板焊接机座，机座要有足够的强度。

2. 转子

转子是电动机的旋转部分，由转子铁芯、转子绕组和转轴三部分组成。

1）转子铁芯

转子铁芯也是电动机磁路的一部分，一般用0.5 mm厚的硅钢片冲制、叠压而成。硅钢片外圆周表面冲有均匀分布的槽，用来安置转子绕组。转子铁芯装在转轴上。

2）转子绕组

转子绕组是异步电动机电路的另一部分，其作用为切割定子磁场，产生感应电势和电流，并在磁场作用下受力而使转子转动。根据其结构的不同，可将绕组分为笼型绕组和绕线式绕组两种。

鼠笼式转子若去掉转子铁芯，整个绕组的外形像一个鼠笼，故称为笼型绕组。小型笼型电动机采用铸铝转子绕组，对于100 kW以上的电动机采用铜条和铜端环焊接而成。笼型转子的优点在于结构简单、制造方便、经济耐用。笼型转子绕组的结构如图6.1.4所示。

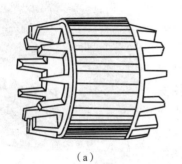
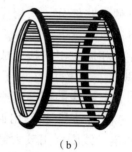

（a） （b）

图6.1.4 笼型转子绕组的结构

（a）铸铝笼型转子；（b）去掉转子铁芯的转子导条

鼠笼式电动机结构

绕线转子绕组与定子绕组相似，也是一个对称的三相绕组，一般接成星形，三个出线端接到转轴的三个集电环（滑环）上，再通过电刷与外电路连接，环上用弹簧压电刷与外电路联系，主要目的在于连接启动电阻和调速电阻以及制动电阻。相对于笼型转子，绕线式转子结构复杂、价格贵，但转子回路可引入外加电阻来改善启动和调速性能。

3）转轴

转轴用以传递转矩及支撑转子的质量，一般由中碳钢或合金钢制成。

3. 气隙

异步电动机的气隙是很小的，中小型电动机一般为 0.2 ~ 2 mm。气隙越大，磁阻越大，要产生同样大小的磁场，就需要较大的励磁电流。由于气隙的存在，异步电动机的磁路磁阻远比变压器大，因而异步电动机的励磁电流也比变压器的大得多。变压器的励磁电流约为额定电流的 3%，异步电动机的励磁电流约为额定电流的 30%。

除以上结构外，三相异步电动机的结构还包括端盖、轴承、接线柱、接线盒、风扇及罩壳等，各部分作用如下：

（1）端盖及轴承：支撑转子。

（2）接线柱及接线盒：固定电动机引出线、保护接线柱及防止触电。

（3）风扇叶及罩壳——冷却电动机、保护风扇叶。

6.1.2 三相异步电动机的工作原理

当三相异步电动机通入三相对称交流电时，电动机会旋转起来，那电动机是如何转动的呢？电动机中的电磁变化过程又是如何的？

电动机转动原理实验

1. 旋转磁场的产生

旋转磁场是指一种极性和大小不变，且以一定的转速旋转的磁场。理论研究证明，当三相异步电动机的定子绕组中通过三相对称交流电流时会产生旋转磁场。为了分析的方便，假设三相绕组的每一相只有一个线圈，三相绕组的三个首端分别为 U1、V1、W1，三个末端分别为 U2、V2、W2，三相绕组接成星形。当三相异步电动机的定子绕组中通以三相对称交流电流时，如图 6.1.5 和图 6.1.6 所示。

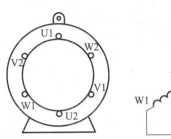

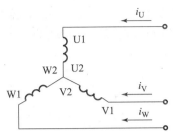

图 6.1.5　星形连接的三相绕组通对称的三相交流电流

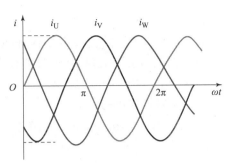

图 6.1.6　对称的三相交流电流波形

　　假设电流的瞬时值为正时，是从各绕组的首端流入，末端流出；当电流为负值时，与此相反。则分析，当 $\omega t = 0°$ 时刻，可以得到 $i_U = 0$，$i_V < 0$，则电流从 V2 流入，从 V1 流出（流入用"×"表示，流出用"•"表示），$i_W > 0$（电流从 W1 流入，从 W2 流出），根据右手螺旋定则，对应得到了 $\omega t = 0°$ 时刻产生的合成磁场的磁

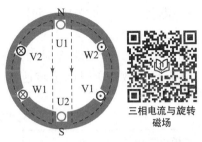

图 6.1.7　$\omega t = 0°$ 时刻的磁场方向

场方向，具体方向为垂直向下，如图 6.1.7 所示。以此类推，可以得到 $\omega t = 120°$、240° 和 360° 时刻所对应的合成磁场方向，如图 6.1.8 所示。

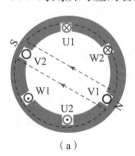
（a）

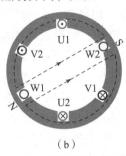
（b）

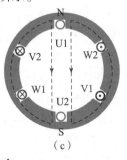
（c）

图 6.1.8　不同时刻对应的磁场方向

（a）$\omega t = 120°$；（b）$\omega t = 240°$；（c）$\omega t = 360°$

　　当三相异步电动机的定子绕组通过三相对称交流电时，将产生旋转磁场，分析这些时刻的磁场方向可知：随着时间的改变，磁极在顺时针方向旋转，即产生的旋转磁场的方向与电源的相序一致，也为 U－V－W 的顺序，或者说旋转磁场的转向是由三相电流的相序决定的。如果改变流入三相绕组的电流相序，就能改变旋转磁场的旋转方向，即把三相交流电源的三根线任意调换两根与电动机相接，旋转磁场旋转方向随之反向。

　　分析过程中，涉及的名词概念有以下几个：

　　1）磁极对数 p

　　上面分析中，得到的旋转磁场的磁极对数为 1，磁极对数用字母 p 表示，三相异步电动机的极数就是旋转磁场的磁极对数（即 $2p$），磁极对数取决于三相异步电动机定子绕组的结构和连接方式。例如当每相绕组只有一个线圈（上述分析过程中，为了分析方便，三相异步电动机的定子绕组为每相绕组只有一个线圈），绕组的始端之间相差 120° 空间角时，产生的旋转磁场具有一对磁极，即 $p=1$；当每相绕组为两个线圈串联，绕组的始端之间相差 $60°$ 空间角时，产生的旋转磁场具有两对磁极，即 $p=2$。同理，如果要产生三对磁极，即 $p=3$ 的旋转磁场，则每相绕组必须有均匀安排在空间的串联的三个线圈，绕组的始端之间相差 $40°$（即 $120°/p$）空间角。

2）旋转磁场的转速 n_0

三相异步电动机的旋转磁场转速计算方法如下：

$$n_0 = \frac{60f}{p}$$

式中，n_0——旋转磁场转速，也称同步转速，单位为转/分（r/min）；

f——电网频率，单位 Hz，我国电网频率为 $f=50\ Hz$；

p——磁极对数。

由上面公式可知：电网频率是固定的，磁极对数和同步转速是反比的关系，且因为磁极对数只能是自然数，所以同步转速 n_0 是有级的。磁极对数和同步转速的对应关系如表 6.1.1 所示。

表 6.1.1　磁极对数和同步转速的对应关系

磁极对数 p	1	2	3	4	5	6
同步转速 $n_0/(\text{r}\cdot\text{min}^{-1})$	3 000	1 500	1 000	750	600	500

2. 三相异步电动机的转动原理

前面已经分析了旋转磁场的产生过程，当为三相异步电动机的定子绕组通入三相对称交流电流时，会产生与电源相序相同方向的旋转磁场，假设旋转磁场的方向为顺时针方向，且旋转磁场转速为 n_0，如图 6.1.9 所示。启动的瞬间，转子（转子导体）是静止的，故在旋转磁场的作用下，转子导体将切割磁感线产生感应电动势（感应电动势的方向用右手定则判定）。由于转子导体两端被短路环短接，如图 6.1.10 所示，在感应电动势的作用下，转子导体中将产生与感应电动势方向基本一致的感应电流（电流流入用"×"表示，流出用"•"表示），感应电流方向如图 6.1.9 所示。转子的载流导体在定子磁场中受到电磁力的作用（力的方向用左手定则判定），电磁力对转子轴产生电磁转矩，驱动转子沿着旋转磁场方向旋转，即转子开始顺时针方向旋转。

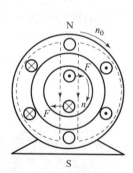

图 6.1.9　三相异步电动机
转动原理示意图

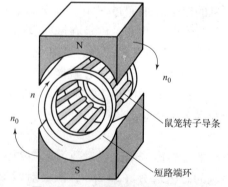

图 6.1.10　三相异步电动机结构
分析与转动原理示意图

三相异步电动机的
结构和工作原理

通过上述分析可以总结出三相异步电动机工作原理为：当电动机的三相定子绕组（各相差 120°电角度）通入三相对称交流电后，将产生一个旋转磁场，该转子绕组切割旋转磁场，从而在转子绕组中产生感应电流（转子绕组是闭合通路），载流的转子导体在定子旋转磁场作用下将产生电磁力，从而在电动机转轴上形成电磁转矩，驱动电动机旋转，并且电动机旋转方向与旋转磁场方向相同。若要改变电动机的旋转方向，只要改变磁场的旋转方向，即任意对调三相定子绕组两根相线的接法，电动机即可以实现反转。

这里需要强调的是，异步电动机之所以会转动，是由于旋转磁场与转子之间有相对运动，当转子转速达到同步转速时，转子绕组与旋转磁场之间无相对运动，转子绕组中将不能产生感应电流，拖动转子旋转的电磁力也继而消失了，因此转子就不能继续转动。由此可知，异步电动机转子转速总是小于同步转速。由于转子导体中的电流是通过电磁感应产生的，三相异步电动机又称为感应电动机。

把转子转速与同步转速之间的差值称为转差，转差的存在是异步电动机运行的必要条件。为了反映异步电动机转子转速与同步转速相差的程度，通常用转差率 s 来描述，定义为转差与同步转速之比，转差率通常用百分数来表示。具体计算方法如下式所示。

$$s = \frac{n_0 - n}{n_0}$$

式中，n_0 为同步转速；n 为转子转速。

转差率是反映三相异步电动机运行性能的一个重要参数，它与负载情况有关。三相异步电动机的实际转速与同步转速接近。启动瞬间，由于转子还未转动，所以此时转速 $n = 0$，转差率达到最大值 $s = 1$；电动机空载（转子不带负载）时，转速很高，转差率很小，一般在 0.5% 以下；额定负载运行时，转差率为 1.5% ~ 6%，即额定运行时，异步电动机的转速和同步转速是非常接近的。

6.1.3　三相异步电动机的铭牌数据

三相异步电动机的铭牌数据

1. 三相异步电动机的技术数据

三相异步电动机的铭牌主要是向使用者说明电动机的一些额定数据和使用方法，因此读懂铭牌数据，并按照规定要求去操作，是正确使用电动机的前提条件。表 6.1.2 所示为某一三相异步电动机的铭牌数据。

表 6.1.2　某一三相异步电动机的铭牌数据

三相异步电动机					
型号	Y90L – 4	电压	380 V	接法	Y
容量	1.5 kW	电流	3.7 A	工作方式	连续
转速	1 400 r/min	功率因数	0.79	温升	90 ℃
频率	50 Hz	绝缘等级	B	出厂日期	×年×月
×××电机厂　　　　产品编号　　　　质量　　　　kg					

下面就铭牌中的数据逐一做介绍。

1）型号

为了满足各种不同用途和不同工作环境的需要，电机制造厂把电动机制成各种系列，每个系列的不同电动机用不同的型号表示。型号主要由产品名称中最具有意义的汉语拼音大写字母、国际通用符号和阿拉伯数字三部分组成，如型号 Y90L－4。

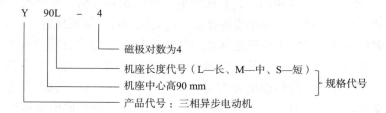

国产电动机主要有：

Y 系列：全封闭、自扇自冷、笼型转子异步电动机。

Y2 系列：该系列电动机是在原有 Y 系列基础上更新设计的一般用途的基本系列电动机。

2）额定值

额定值是指设备在一定条件下正常运行时对电压、电流、功率等所规定的数值，是反映设备重要技术性能的数据，是生产、设计、制造和使用产品时的技术依据。通常这些数据都会刻在产品的铭牌上，因此又称铭牌值。三相异步电动机的额定值主要有以下几个：

（1）额定电压。

额定电压，即铭牌上所标的电压值，是指三相异步电动机在额定运行时三相定子绕组上所加的线电压值。一般规定电动机的电压不应高于或低于额定值的 5%。额定电压与电动机的定子绕组接法有对应关系。目前常见的电动机的额定电压有 380 V 和 220 V。

必须注意：在低于额定电压下运行时，最大转矩 T_{max} 和启动转矩 T_{st} 会显著地降低，这对电动机的运行是不利的。

（2）额定电流。

额定电流即铭牌上所标的电流值，是指电动机在额定运行时定子绕组允许通过的最大线电流值。

当电动机空载时，转子转速接近于旋转磁场的转速，两者之间相对转速很小，所以转子电流近似为零，这时定子电流几乎全为建立旋转磁场的励磁电流。当输出功率增大时，转子电流和定子电流都随着相应增大。

（3）额定功率。

额定功率是指电动机在额定情况下运行时，转子轴上输出的机械功率。三相异步电动机额定电压、额定电流和额定功率之间的关系为

$$P_N = \sqrt{3}U_N I_N \cos\varphi_N \eta_N$$

式中，U_N 为额定电压；I_N 为额定电流；$\cos\varphi_N$ 为功率因数，因为电动机是感性负载，定子相电流滞后于相电压。三相异步电动机的功率因数较低，在额定负载时为 0.7～0.9，而在轻载和空载时更低，空载时只有 0.2～0.3。选择电动机时应注意其容量，防止"大马拉小车"，并力求缩短空载时间。η_N 为效率，即输出功率与输入功率的比值，一般鼠笼式电动机在额定运行时的效率为 72%～93%。

（4）额定转速。

额定转速是指额定运行时电动机的转速，单位为 r/min。不同的磁极对数对应有不同的转速等级。

（5）额定频率。

我国电网频率为 50 Hz，国内异步电动机的频率均为 50 Hz。

3）接法

电动机的接法是指电动机三相定子绕组的连接方式。一般鼠笼式电动机的接线盒中有六根引出线，分别标有 U1、V1、W1、U2、V2、W2，其中，U1、V1、W1 为每相绕组的首端，U2、V2、W2 为每相绕组的末端。三相异步电动机的连接方法有两种：星形（丫）连接和三角形（△）连接。通常三相异步电动机功率在 4 kW 以下者接成星形；在 4 kW（不含）以上者，接成三角形，如图 6.1.3 所示。

4）温升和绝缘等级

温升是指电动机运行时绕组温度允许高出周围环境的极限温度数值，允许高出数值的多少由电动机绕组所用绝缘材料的耐热程度决定，绝缘材料的耐热程度称为绝缘等级。绝缘等级是按电动机绕组所用的绝缘材料在使用时容许的极限温度来分级的，不同的绝缘材料，其最高允许温升是不同的。中小型电动机常用的绝缘材料分五个等级，其中，最高允许温升值是按环境温度 40 ℃ 算出来的。绝缘材料温升限值如表 6.1.3 所示。

表 6.1.3　绝缘材料温升限值

等级	A	B	C	D	E
最高允许温度/℃	105	120	130	155	180

5）工作方式

为了适应不同的负载工作，按照负载持续工作时间的不同，把电动机的工作方式分为三种：连续工作、短时工作和断续周期工作。

2. 三相异步电动机的选择

正确选择三相异步电动机的功率、种类、形式是极为重要的。

1）功率的选择

电动机的功率根据负载的情况选择合适的功率，选大了虽然能保证正常运行，但是不经济，电动机的效率和功率因数都不高；选小了就不能保证电动机和生产机械的正常运行，不能充分发挥生产机械的效能，并使电动机由于过载而过早地损坏。

（1）连续运行电动机功率的选择：对连续运行的电动机，先算出生产机械的功率，所选电动机的额定功率等于或稍大于生产机械的功率即可。

（2）短时运行电动机功率的选择：如果没有合适的专为短时运行设计的电动机，可选用连续运行的电动机。由于发热惯性，在短时运行时可以容许过载。工作时间越短，则过载可以越大，但电动机的过载是受到限制的。通常是根据过载系数 λ 来选择短时运行电动机的功率。电动机的额定功率可以是生产机械所要求的功率的 1/λ。

2）种类和形式的选择

（1）种类的选择：选择电动机的种类是从交流或直流、机械特性、调速与启动性能、维护及价格等方面来考虑的。

①交、直流电动机的选择：如没有特殊要求，一般都应采用交流电动机。

②鼠笼式与绕线式的选择：三相鼠笼式异步电动机结构简单、坚固耐用、工作可靠、价格低廉、维护方便，但调速困难，功率因数较低，启动性能较差。因此在要求机械特性较硬而无特殊调速要求的一般生产机械的拖动应尽可能采用鼠笼式电动机。只有在不方便采用鼠笼式异步电动机时才采用绕线式电动机。

（2）结构形式的选择，电动机常制成以下几种结构形式：

①开启式：在构造上无特殊防护装置，用于干燥无灰尘的场所，通风非常良好。

②防护式：在机壳或端盖下面有通风罩，以防止铁屑等杂物掉入，也有将外壳做成挡板状，以防止在一定角度内有雨水滴溅入其中。

③封闭式：它的外壳严密封闭，靠自身风扇或外部风扇冷却，并在外壳带有散热片。在灰尘多、潮湿或含有酸性气体的场所可采用。

④防爆式：整个电动机严密封闭，用于有爆炸性气体的场所。

（3）安装结构形式的选择。

①机座带底脚，端盖无凸缘（B3）。

②机座不带底脚，端盖有凸缘（B5）。

③机座带底脚，端盖有凸缘（B35）。

（4）电压和转速的选择。

①电压的选择：电动机电压等级的选择，要根据电动机类型、功率以及使用地点的电源电压来决定。Y系列鼠笼式电动机的额定电压只有380 V一个等级。只有大功率异步电动机才采用3 000 V和6 000 V。

②转速的选择：电动机的额定转速是根据生产机械的要求而选定的。但通常转速不低于500 r/min。因为当功率一定时，电动机的转速越低，则其尺寸越大、价格越贵，且效率也较低，所以就不如购买一台高速电动机再另配减速器来得合算。异步电动机通常采用4个极的，即同步转速 $n_0 = 1\ 500$ r/min。

◎ 技能训练

1. 任务要求与步骤

（1）观察三相异步电动机实物，总结三相异步电动机的结构。

（2）将三相异步电动机分别进行星形和三角形两种方式的连接，并说明连接过程中的注意事项。

（3）运用兆欧表测量三相异步电动机的绝缘电阻，在满足条件的情况下，将三相交流电源与三相异步电动机（星形连接）连接，为其进行供电，观察电动机的转动方向，并说明该过程中的电磁变化；之后改变电源相序重新进行连接，再次观察电动机的转动方向。通过比较，进一步总结三相异步电动机的工作原理。

（4）思考三相异步电动机的转速与同步转速之间存在什么样的关系。

（5）识读图6.1.11所示三相异步电动机的铭牌数据，并对数据进行逐一介绍。

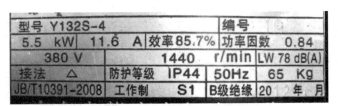

图 6.1.11　三相异步电动机的铭牌数据

2. 主要设备器件

（1）实训工作台（含三相电源、常用仪表等）。

（2）三相异步电动机。

（3）导线若干。

（4）兆欧表。

3. 任务考核

根据任务要求与步骤，对任务完成情况进行考核，考核及评分标准如表 6.1.4 所示。

表 6.1.4　任务考核评分表

评价类型	占比情况	序号	评价指标	分值	得分		
					自评	互评	教师评价
知识点和技能点	70	1	正确总结三相异步电动机的主要结构	10			
		2	正确进行电动机的连接	10			
		3	正确使用兆欧表	5			
		4	按照正确的步骤完成电源与电动机的连接、通电、运行，并准确概括三相异步电动机的工作原理	30			
		5	说明同步转速与转子转速之间的关系	5			
		6	正确识读三相异步电动机的铭牌数据	10			
职业素养	20	1	按时出勤，遵守纪律	3			
		2	专业术语用词准确、表述清楚	4			
		3	操作规范	6			
		4	工具整理、正确摆放	4			
		5	团结协作、互助友善	3			
劳动素养	10	1	按时完成	3			
		2	保持工位卫生、整洁、有序	4			
		3	小组任务明确、分工合理	3			

4. 总结反思

总结反思如表 6.1.5 所示。

表 6.1.5　总结反思

总结反思	
目标达成度：知识 ©©©© 　　　能力 ©©©© 　　　素养 ©©©©	
学习收获：	教师寄语：
问题反思：	签字：_____

5. 练习拓展

（1）三相异步电动机额定电压、额定电流和额定功率是如何定义的？

（2）为什么三相异步电动机的转速一定低于额定转速？

（3）有一台三相异步电动机，磁极对数为 4，额定转差率为 0.03，额定频率为 50 Hz，问电动机的额定转速和同步转速各为多少？

任务 6.2　电气原理图的认识及绘制

◎ 任务描述

在实际工程中，经常需要识别或绘制各种各样的电气原理图。本任务中将进行电气原理图基本知识及绘制规则的介绍，通过任务学习，学生可以了解电气原理图的基本概念及绘制规则，并在此基础上进行简单电气原理图的设计和绘制。

◎ 任务目标

掌握常见电气元件的图形和文字符号。

掌握电气原理图的绘制规则。

了解电气接线图的绘制规则及注意事项。

培养收集、分析和利用信息的能力。

培养发现问题和解决问题的能力。

培养严谨务实、规范操作的职业素养。

◎ 知识储备

电气原理图是用来表明设备电气的工作原理及各电气元件的作用、相互之间关系的一种图形。熟悉电气原理图的绘制方法和技巧，对于分析电气线路、排除电路故障、程序编写是十分有益的。电气系统图主要有电气原理图、电气布局图、电气安装接线图等，电气原理图是电气系统图的一种，是采用电气元件展开的形式绘制而成的，它不按照电气元件的实际位置来画，也不反映电气元件的大小、形状，只用电气元件导电部件的图形符号及接线端子来表示电气元件，并用导线将电气元件导电部件的图形符号连接起来，以反映其连接关系。电气原理图具有结构简单、层次分明的特点，主要用于研究和分析电气线路的工作原理。

电气原理图一般由主电路和控制电路、保护电路、配电电路等辅助电路组成。主电路是电气控制线路中大电流通过的部分，包括从电源到电动机之间相连的电气元件；一般由刀开关、主熔断器、接触器主触点、热继电器的热元件和电动机等组成。辅助电路是控制线路中除主电路以外的电路，其流过的电流比较小。辅助电路包括控制电路、照明电路、信号电路和保护电路。除主电路外，人们比较关心的主要是控制电路，控制电路是由按钮、接触器和继电器的线圈及辅助触点、热继电器触点、保护电器触点等组成的。

6.2.1 电气元件的图形和文字符号

电气图中的各种电器和电机等电气元件都采用国家标准的图形和符号表示，1990 年开始全面使用，可参照 GB 4728—2018《电气图形符号》和 GB 7159—1987《电气设备常用基本文字符号》的规定，这些图形符号以"象形表示"为主，表 6.2.1 所示为部分常用的图形和文字符号。

表 6.2.1 部分常用的图形和文字符号

类别	名称	图形符号	文字符号	类别	名称	图形符号	文字符号
开关	单极控制开关		SA	位置开关	常开触头		SQ
	三极控制开关	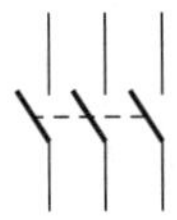	QS		常闭触头		SQ
					复合触头		SQ
	低压断路器	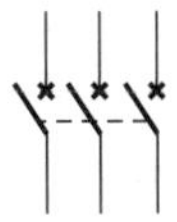	QF	按钮	常开按钮		SB
					常闭按钮		SB
					复合按钮		SB

类别	名称	图形符号	文字符号	类别	名称	图形符号	文字符号
接触器	线圈操作器件		KM	热继电器	热元件		FR
	常开主触头		KM		常闭触头		FR
	常开辅助触头		KM	中间继电器	线圈		KA
	常闭辅助触头		KM		常开触头		KA
时间继电器	通电延时（缓吸）线圈		KT		常闭触头		KA
	断电延时（缓放）线圈		KT	电流继电器	过电流线圈	$I>$	KA
	瞬时闭合的常开触头		KT		欠电流线圈	$I<$	KA
	瞬时断开的常闭触头		KT		常开触头		KA
	延时闭合的常开触头	或	KT		常闭触头		KA
	延时断开的常闭触头	或	KT	电压继电器	过电压线圈	$U>$	KV
	延时闭合的常闭触头	或	KT		欠电压线圈	$U<$	KV
	延时断开的常开触头	或	KT		常开触头		KV

类别	名称	图形符号	文字符号	类别	名称	图形符号	文字符号
发电机	发电机	G	G	电动机	三相笼型异步电动机	M 3~	M
	直流测速发电机	TG	TG		三相绕线转子异步电动机	 M 3~	M
					他励直流电动机	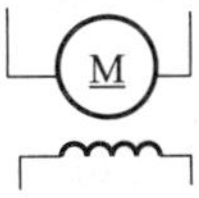 M	M
					并励直流电动机	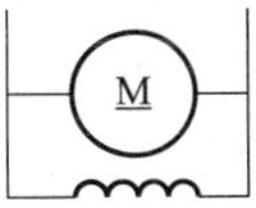 M	M
					串励直流电动机	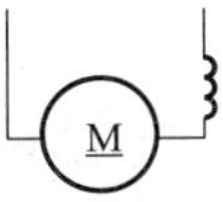 M	M
				熔断器	熔断器		FU
灯	信号灯（指示灯）	⊗	HL	变压器	单相变压器		TC
	照明灯	⊗	EL		三相变压器	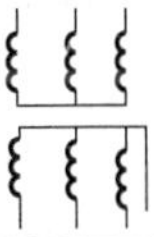	TM

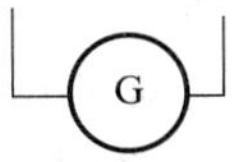

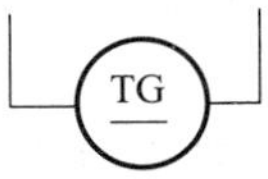

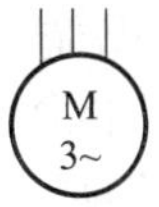

6.2.2　电气原理图的绘制规则

绘制电气原理图时，所遵循的规则主要有以下几点：

（1）电气原理图主要分为主电路和控制电路。主电路（主要有电机、电器及连接线等）一般用粗线表示，而控制电路（主要指电器及连接线等）一般用细线表示。

（2）绘制时采用左右布局，主电路画在左侧，控制电路画在右侧；若采用上下布局，则主电路画在上方，控制电路画在下方。绘制过程中各电气元件按动作顺序由上到下、从左到右依次排列，在线路交叉处应标明是否有电的连接，若电路相连，应在交叉处画一个圆点"·"。

（3）原理图中，各种电机、电器等电气元件必须采用国家标准统一规定的（GB 4728—2018）图形符号画出和国家标准规定的（GB 7159—1987）文字符号标出（见表6.2.1）。

（4）各个电器并不按照实际的布置情况绘在线路上，而是采用同一电气元件的各部分分别绘制在它们完成作用的地方（即根据便于阅读的原则绘制在电路中）；且同一电气元件的各部件可以不画在一起（如交流接触器的主触点画在主电路中，线圈和辅助触点画在控制电路中），但各个部件需用同一个文字符号表示，若有多个同一种类的电气元件，可在文字符号后加上数字序号进行区分，如 KM1 和 KM2、SB1 和 SB2 等。

（5）在电气原理图中，所有电器的可动部分均按原始状态画出，即对于继电器、接触器的触点，应按其线圈不通电时的状态画出；对于控制器，应按其手柄处于零位时的状态画出；对于按钮、行程开关等主令电器，应按其未受外力作用时的状态画出。

（6）应尽量减少线条数量和避免线条交叉。各导线之间有电联系时，应在导线交叉处画实心圆点。根据图面布置需要，可以将图形符号旋转绘制，一般按逆时针方向旋转90°，但其文字符号不可倒置。

（7）在电气原理图上应标出各个电源电路的电压、极性、频率及相数；对某些电气元件还应标注其特性（如电阻值、电容值等）；不常用的电器还要标注其操作方式和功能等。

6.2.3　电气元件布置图

电气元件布置图主要用来表明电气设备上所有电动机、电器的实际位置，是机械电气控制设备制造、安装和维修必不可少的技术文件。电气元件布置图根据设备的复杂程度或集中绘制在一张图上、或将控制柜与操作台的电气元件布置图分别画出。电气元件及设备代号必须与相关电路图和清单上所用代号一致。其绘制规则如下：

（1）同一组件中电气元件的布置应注意将体积大和较重的电气元件安装在电器板的下面，而发热元件应安装在电气控制柜的上部或后部。但由于热继电器的出线端直接与电动机相连便于出线，而其进线端与接触器直接相连接便于接线并使走线最短且宜于散热，所以热继电器宜放在其下部。

（2）强电、弱电分开并注意屏蔽，防止外界干扰。

（3）需要经常维护、检修、调整的电气元件安装位置不宜过高或过低，人力操作开关及需经常监视的仪表的安装位置应符合人体工程学原理。

（4）电气元件的布置应考虑安全间隙，并做到整齐、美观、对称，外形尺寸与结构类似的电器可安放在一起，以利加工、安装和配线。若采用行线槽配线方式，应适当加大各排电器间距，以利布线和维护。

（5）各电气元件的位置确定以后，便可绘制电气布置图。电气布置图是根据电气元件的外形轮廓绘制的，即以其轴线为准，标出各元件的间距尺寸。每个电气元件的安装尺寸及其公差范围，应按产品说明书的标准标注，以保证安装板的加工质量和各电器的顺利安装。大型电气柜中的电气元件，宜安装在两个安装横梁之间，这样，可减轻柜体质量，节约材料，另外便于安装，所以设计时应计算纵向安装尺寸。

（6）在电气布置图设计中，还要根据本部件进出线的数量、导线规格及出线位置等选

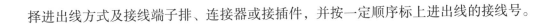

择进出线方式及接线端子排、连接器或接插件，并按一定顺序标上进出线的接线号。

6.2.4 电气接线图

电气接线图是根据电气设备和电气元件的实际位置和安装情况（或电气原理图和电气元件布置图）绘制的，是用来表示电气设备和电气元件的位置、配线方式和接线方式，而不明显表示电气动作原理，主要用于安装接线、线路检查、线路维修和故障处理的指导。其绘制规则如下：

（1）接线图中一般需要表示出电气设备和电气元件的相对位置、文字符号、端子号、导线号、导线类型、导线截面积、屏蔽和导线绞合等。

（2）所有的电气设备和电气元件都按其所在的实际位置绘制在图纸上，且同一电器的各元件根据其实际结构，使用与电路图相同的图形符号画在一起，并用点画线框上（有时也将多个电气元件用点画线框起来，表示它们是安装在同一安装底板上的），其文字符号以及接线端子的编号应与电路图中的标注一致，以便对照检查接线。

（3）接线图中的导线有单根导线、导线组（或线扎）、电缆等之分，可用连续线和中断线来表示。凡导线走向相同的可以合并，用线束来表示，到达接线端子板或电气元件的连接点时再分别画出。在用线束表示导线组、电缆等时可用加粗的线条表示，在不引起误解的情况下也可采用部分加粗。另外，导线及套管、穿线管的型号、根数和规格应标注清楚。

电气接线图的主要作用体现在以下两点：

（1）电力系统的电气接线图主要显示该系统中发电机、变压器、母线、断路器、电力线路等主要电机、电器、线路之间的电气接线，由电气接线图可获得对该系统更细致的了解。

（2）电气设备使用的电气接线图是用来组织排列电气设备中各个零部件的端口编号以及该端口的导线电缆编号，同时还整理编写接线排的编号，以此来指导设备合理的接线安装以及便于日后维修电工尽快查找故障。

🎯 技能训练

1. 任务要求与步骤

（1）总结电气原理图的绘制规则及注意事项。

（2）总结电气元件布置图的绘制规则。

（3）总结电气接线图在绘制过程中需注意哪些问题。

（4）识读图 6.2.1 所示某三相异步电动机的电气控制电路图，并结合电气原理图的绘制规则及注意事项说明本图中所涉及的相关知识。

（5）结合电气元件布置图的绘制规则，对图 6.2.1 进行实际电气线路的布局。

2. 主要设备器件

（1）实训工作台（含三相电源、常用仪表等）。

（2）三相异步电动机。

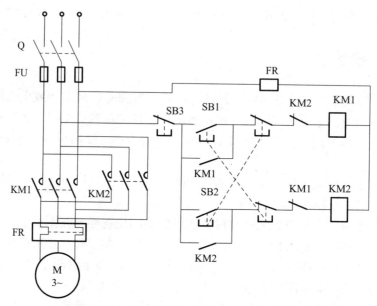

图 6.2.1　三相异步电动机的电气控制电路图

（3）各种低压电器（交流接触器、热继电器、空气开关等）。

（4）兆欧表。

（5）接线端子排。

3. 任务考核

根据任务要求与步骤，对任务完成情况进行考核，考核及评分标准如表 6.2.2 所示。

表 6.2.2　任务考核评分表

评价类型	占比情况	序号	评价指标	分值	得分		
					自评	互评	教师评价
知识点和技能点	70	1	正确总结电气原理图的绘制规则及注意事项	20			
		2	正确总结电气元件布置图的绘制规则	10			
		3	总结电气接线图在绘制过程中需注意哪些问题	10			
		4	正确识读三相异步电动机的电气控制电路图	15			
		5	电气线路的布局	15			
职业素养	20	1	按时出勤，遵守纪律	3			
		2	专业术语用词准确、表述清楚	4			
		3	操作规范	6			
		4	工具整理、正确摆放	4			
		5	团结协作、互助友善	3			

评价类型	占比情况	序号	评价指标	分值	得分		
					自评	互评	教师评价
劳动素养	10	1	按时完成	3			
		2	保持工位卫生、整洁、有序	4			
		3	小组任务明确、分工合理	3			

4. 总结反思

总结反思如表6.2.3所示。

表6.2.3　总结反思

总结反思	
目标达成度：知识 ◎◎◎◎　　能力 ◎◎◎◎　　素养 ◎◎◎◎	
学习收获：	教师寄语：
问题反思：	签字：＿＿＿＿＿＿＿＿

5. 练习拓展

（1）什么是电气控制线路？什么是电气控制线路图？

（2）总结电气原理图的绘制规则。

任务6.3　三相异步电动机Y－△降压启动线路设计

任务描述

三相异步电动机的启动就是转子转速从零开始到稳定运行状态的这一过程。衡量异步电动机的启动性能好坏需要从多个方面综合考虑。本任务介绍了几种常见的异步电动机启动方式及其对应的优缺点，在此基础上，重点介绍了异步电动机的Y－△降压启动控制系统的实现方法。通过本任务的学习，可以使学生具备对简单电气线路设计、分析、布线、检查、排查故障的能力，培养学生独立分析问题、解决问题的能力以及团队协作的精神，使学生的实践能力、理论知识的理解能力、动手能力有进一步提高。

🎯 任务目标

了解三相异步电动机的启动要求。

了解三相异步电动机的几种启动方式及每种方式对应的优缺点。

掌握三相异步电动机 Y－△ 降压启动控制线路的设计及系统实现的方法。

能够正确识别、检测和安装低压电气元件。

掌握电气控制线路安装、调试的基本方法。

掌握电气控制线路布局与布线方法。

初步具备对电气线路故障的分析和解决能力。

具备精益求精、一丝不苟的职业素养。

培养学生合作意识和能力。

培养热爱劳动、不怕苦、不怕累的工作作风。

🎯 知识储备

衡量异步电动机启动性能的好坏要从启动电流、启动转矩、启动过程的平滑性、启动时间及经济等方面来考虑。三相异步电动机对启动的要求主要有以下几点：

（1）有足够大的启动转矩。

（2）一定大小启动转矩前提下，启动电流尽量小、启动时间尽量短。

（3）启动所需设备简单，操作方便。

（4）启动过程中功率损耗越小越好。

6.3.1 三相异步电动机的启动方式

对于笼型异步电动机，启动方法有直接启动（全压启动）和降压启动两种。

1. 直接启动（全压启动）

电动机三相定子绕组直接加上额定电压的启动方法称为直接启动，如图 6.3.1 所示。这种启动方法启动最简单、启动时间短、启动可靠、投资少、运行可靠，但启动电流较大。是否可以采用直接启动，取决于电源的容量及启动频繁的程度。

三相异步电动机直接启动的条件（满足一条即可）：

（1）容量在 7.5 kW 以下的电动机均可采用。

（2）由专用变压器供电时，电动机的容量小于变压器容量的 20%。

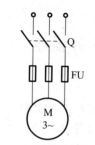

图 6.3.1 直接启动线路

（3）可用经验公式粗略估算电动机是否可直接启动，公式如下：

$$K_I \leqslant \frac{1}{4}\left[3 + \frac{\text{电源容量 (kV·A)}}{\text{电动机容量 (kW)}}\right]$$

式中，K_I 为启动电流系数，是启动电流 I_{st} 与额定电流 I_N 之比。

2. 降压启动

降压启动是指在电动机启动时降低定子绕组上的电压，启动结束后加额定电压的启动方式。降压启动能起到降低电动机启动电流的目的，但由于转矩与电压的平方成正比，因此降压启动时电动机的转矩减小较多，故只适用于空载或轻载启动。下面介绍几种常用的降压启动方法。

1）电阻（或电抗）降压启动

降压启动方式是指在启动过程中降低其定子绕组端的外施电压，启动结束后，再将定子绕组的两端电压恢复到额定值。这种方法虽然能达到降低启动电流的目的，但启动转矩也减小很多，故此法一般只适用于电动机的空载或轻载启动。

具体方法：三相笼型异步电动机启动时，在电动机定子电路中串入电阻或电抗器，使加到电动机定子绕组端电压降低，减少了电动机上的启动电流。图 6.3.2 所示为三相笼型电动机定子绕组串联电阻降压启动的原理图，其工作过程为：先合上刀开关 Q1，在开始启动时，将 Q2 打到启动端，电路串入电阻 R_a，电动机经电阻接入电源，电动机在低压状态下开始启动。当电动机的转速接近额定值时，使 Q2 打到运行端，切除了电阻，电源电压直接加在电动机上，启动过程结束。

这种启动方法不受电动机定子绕组接法形式的限制，但由于启动电阻的存在，将使设备体积增大，电能损耗增大，目前已较少采用。

2）定子串联自耦变压器降压启动

这种方法是利用自耦变压器将电源电压降低后再加到电动机定子绕组端，达到减小启动电流的目的，图 6.3.3 所示为定子串联自耦变压器降压启动电路图。

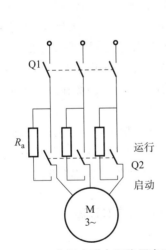

图 6.3.2　定子串联电阻降压启动

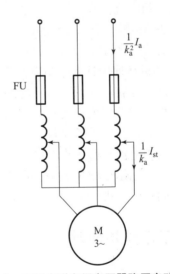

图 6.3.3　定子串联自耦变压器降压启动电路图

电路的控制原理是：合上电源后，电动机定子绕组经自耦变压器实现降压启动。当电动机的转速接近于额定转速时，直接将全电压加在电动机上，启动过程结束，进入全压运行状态。

采用自耦变压器降压启动，可以同时使启动电流和启动转矩减小。正常运行做星形连接或容量较大的笼型异步电动机，常用自耦降压启动。

自耦变压器降压启动的启动性能好，但线路相对较复杂，设备体积大，是目前三相笼型异步电动机常用的一种降压启动方法。

3）Y－△降压启动

中、大功率电动机启动时把定子绕组接成Y形，运行时把定子绕组接成△形，使电动机全压运行，这种启动方法称为Y－△降压启动。电动机采用Y－△降压启动可使启动电源线电流减少为三角形接法的1/3，有效避免了过大电流对供电电路的影响。在控制电路中，常利用时间继电器完成Y－△自动切换。

三相笼型异步电动机的Y－△降压启动简单、运行可靠、应用广泛，但是此方法只能用于正常工作时定子绕组为三角形连接的电动机。与此同时，在启动电流降低的同时，启动电压也只有原来三角形接法直接启动时的 $1/\sqrt{3}$，启动转矩也降为原来按三角形接法直接启动时的1/3。由此可见，采用星三角启动方式时，电流特性很好，但转矩特性较差，所以该方法也只适用于无载或者轻载启动的场合。

3. 三相异步电动机不能启动的处理方法

（1）电动机不转且没有声音：电源或者绕组有两相或两相以上断路，首先检查电源是否有电压，如果三相电压平衡，那么故障在电动机本身，可检测电动机三相绕组的电阻，寻找出断线的绕组。

（2）电动机不转但有嗡嗡声：测量电动机接线柱，若三相电压平衡且为额定电压值，可判断是严重过载。检查的步骤：先去掉负载，这时电动机的转速与声音正常，可以判定过载或者负载机械部分有故障，若仍然不转动，可用手转动一下电动机轴，如果很紧或转不动，再测三相电流，若三相电流平衡，但比额定值大，说明电动机的机械部分被卡住，可能是电动机缺油，轴承锈死或损坏严重，端盖或者油盖装得太斜，转子和内膛相碰（扫膛），当用手转动电动机轴到某一角度时感到比较吃力或听到周期性的嚓嚓声，可判断为扫膛。

（3）电动机转速慢且有嗡嗡声：若测得一相电流为零，而另两相电流大大超过额定电流，说明是两相运转。其原因是：电路或者电源一相断路，或电动机绕组一相断路。小容量的电动机可以用万用表直接测量是否通断。中等容量的电动机由于绕组多采用多根导线并绕多支路并联，其中若断掉若干根或断开一条并联支路时检查起来就比较麻烦，这样的情况通常采用相电流平衡法或者电阻法。电阻法用电桥测量三相绕组的电阻，如三相电阻相差5%以上，电阻较大的一相为断路相。

经验证明：电动机的断路故障多数发生在绕组的端部、接头处或引出线的地方。

6.3.2 三相异步电动机Y－△降压启动控制系统的实现

1. Y－△降压启动控制线路

三相异步电动机的Y－△降压启动控制线路由三个接触器、一个热继电器、一个时间继电器和两个按钮组成。接触器 KM 作引入电源用，接触器 KMᵧ 和 KM△ 分别作Y形降压启动和△运行用，时间继电器 KT 用作控制Y形降压启动时间和完成Y－△自动切换。SB1 是启动按钮，SB2 是停止按钮，FU1 作主电路的短路保护，FR 作控制电路的短路保护，FR 作过载保护。

时间继电器自动控制的Y－△降压启动线路原理图如图 6.3.4 所示。

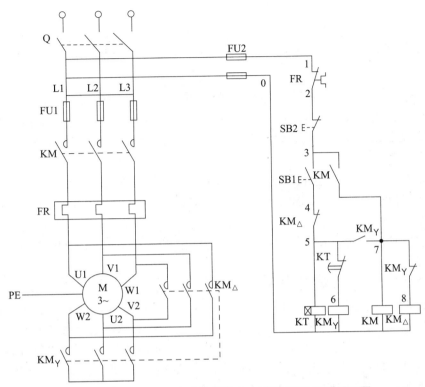

图 6.3.4 时间继电器自动控制的 Y – △ 降压启动线路原理图

其线路的工作原理如下：

降压启动：先闭合电源开关 Q，按下启动按钮 SB1，降压启动工作过程如图 6.3.5 所示。

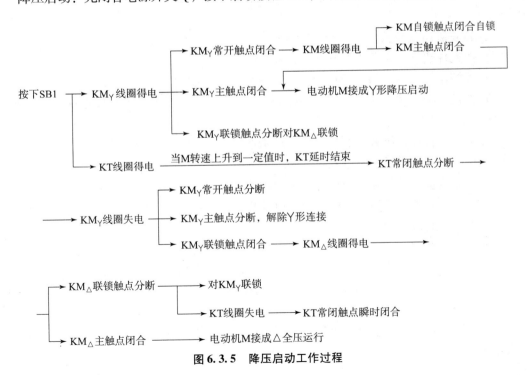

图 6.3.5 降压启动工作过程

停止时，按下停止按钮 SB2 即可。

该线路中，接触器 KM$_Y$ 得电以后，通过 KM$_Y$ 的辅助常开触点使接触器 KM 得电动作，这样 KM$_Y$ 的主触点是在无负载的条件下进行闭合的，故可延长接触器 KM$_Y$ 主触点的使用寿命。

2. 接线要求

（1）进行 KT 瞬时触点和延时触点的辨别（用万用表测量确认）和接线。

（2）电动机的接线端与接线排上出线端的连接。接线时，要保证电动机△形接法的正确性，即接触器 KM$_\triangle$ 主触点闭合时，应保证定子绕组的 U1 与 W2、V1 与 U2、W1 与 V2 相连接，即定子绕组为△连接。

（3）KM、KM$_Y$、KM$_\triangle$ 主触点的接线：注意要分清进线端和出线端。如接触器 KM$_Y$ 的进线必须从三相定子绕组的末端引入，若误将其首端引入，则在 KM$_Y$ 吸合时，会产生三相电源短路事故。

（4）进行控制线路中 KM 和 KM$_Y$ 触点的选择和 KT 触点、线圈之间的接线。

3. 自检方法

（1）主电路：将万用表开关拨至 200 Ω 挡，闭合 Q 开关。

①按下 KM，表笔分别接在 L1 – U1、L2 – V1、L3 – W1，这时电阻值接近零值。

②按下 KM$_Y$，表笔接在 W2 – U2、U2 – V2、V2 – W2，这时电阻值接近零值。

③按下 KM$_\triangle$，表笔分别接在 U1 – W2、V1 – U2、W1 – V2，这时电阻值接近零值。

（2）控制电路：万用表开关拨至 200 Ω 挡或 2 kΩ 挡，表笔分别置于熔断器 FU2 的 1 和 0 位置。（测 KM、KM$_Y$、KM$_\triangle$、KT 线圈阻值）

①按下 SB1，万用表读数约为 1 kΩ（接入线圈 KM$_Y$、KT），同时按下 KT 一段时间，万用表读数约为 2 kΩ（接入线圈 KT），同时按下 SB2 或者按下 KM$_\triangle$，万用表读数为 ∞。

②按下 KM，万用表读数约为 1 kΩ（接入线圈 KM、KM$_\triangle$），同时按下 SB2，万用表读数为 ∞。

4. 线路安装调试步骤

（1）按元件明细表将所需器材配齐并检验元件质量。

（2）在控制板（网孔板）上合理布置、固定安装所有电气元件。

（3）在控制板上按时间继电器自动控制 Y – △降压启动控制线路原理图进行板前布线，并在导线端部套编码套管。

（4）不带电自检，检查控制板线路的正确性。

（5）校验检查无误后安装电动机。

（6）可靠连接电动机和控制板外部的导线。

（7）经指导教师初检后，通电校验，电动机空转试运行。

（8）拆去控制板外接线。

5. 安装注意事项

（1）电动机必须安放平稳，其金属外壳与按钮盒的金属部分须可靠接地。

（2）用 Y – △降压启动控制的电动机，必须有 6 个出线端且定子绕组在△形接法时的额定电压等于电源线电压。

（3）接线时要保证电动机△形接法的正确性，即接触器 KM$_\triangle$ 主触点闭合时，应保证定子绕组的 U1 与 W2、V1 与 U2、W1 与 V2 相连接。

（4）接触器 KM_Y 的进线必须从三相定子绕组的末端引入，若误将其首端引入，则在 KM_Y 吸合时，会产生三相电源短路事故。

（5）通电校验时，必须有指导教师在现场监护，学生应根据电路的控制要求独立进行校验，若出现故障也应自行排除。

（6）安装训练应在规定时间内完成，同时要做到安全操作和文明生产。

◎ 技能训练

1. 任务要求与步骤

（1）总结概括三相异步电动机的几种启动方式及每种方式对应的优缺点。

（2）总结电气线路设计的几个基本步骤。

（3）绘制三相异步电动机的Y－△降压启动控制电路的电气原理图（图6.3.4）和布置图。

（4）正确选用、使用空气断路器、交流接触器、热继电器、按钮等元器件，并运用数字万用表分别检查其好坏。

（5）完成三相异步电动机的Y－△降压启动电路的装接、检查、分析和排障。

1）线路装接

线路装接应遵循"先主后控，先串后并；从上到下，从左到右；上进下出，左进右出"的原则进行接线，即接线时应先接主电路，后接控制电路，先接串联电路，后接并联电路；并且按照从上到下、从左到右的顺序逐根连接；对于电气元件的进出线，则必须按照上面为进线、下面为出线，左边为进线、右边为出线的原则接线，以免造成元件被短接或接错。

重点注意装接线路的工艺要求："横平竖直，拐弯成直角，少用导线少交叉，多线并拢一起走"，即横线要水平，竖线要垂直，转弯要直角，不能有斜线；接线时，要尽量避免交叉线，如果一个方向有多条导线，要并在一起走，以免造成"蜘蛛网"。

2）线路检查

线路检查结合6.3.2中自检方法，分别进行主电路和控制电路的检查。

3）通电试车

通过检查正确后，可在教师的监护下通电试车。合上 Q，接通电源，按下启动按钮 SB1，观察电动机启动情况。

2. 主要设备器件

（1）实训工作台（含三相电源、常用仪表等）。

（2）三相异步电动机。

（3）导线若干、接线端子排、绝缘胶带等。

（4）兆欧表。

（5）交流接触器、热继电器、空气开关、时间继电器、按钮等低压电器。

（6）数字万用表。

（7）各种电工工具。

3. 任务考核

根据任务要求与步骤，对任务完成情况进行考核，考核及评分标准如表6.3.1所示。

表 6.3.1 任务考核评分表

评价类型	占比情况	序号	评价指标	分值	得分		
					自评	互评	教师评价
知识点和技能点	70	1	正确总结三相异步电动机的几种启动方式及每种方式对应的优缺点	5			
		2	正确总结电气线路设计的几个基本步骤	5			
		3	正确绘制电动机降压启动电气原理图和布置图	5			
		4	正确进行低压电器元件的选型及检测	10			
		5	规范完成三相异步电动机的Y-△降压启动电路的装接、检查、分析和排障	40			
		6	通电试车	5			
职业素养	20	1	按时出勤，遵守纪律	2			
		2	专业术语用词准确、表述清楚	3			
		3	操作规范	3			
		4	布线整洁美观	6			
		5	工具整理、正确摆放	3			
		6	团结协作、互助友善	3			
劳动素养	10	1	按时完成	3			
		2	保持工位卫生、整洁、有序	4			
		3	小组任务明确、分工合理	3			

4. 总结反思

总结反思如表 6.3.2 所示。

表 6.3.2 总结反思

总结反思	
目标达成度：知识 ◎◎◎◎　　　能力 ◎◎◎◎　　　素养 ◎◎◎◎	
学习收获：	教师寄语：
问题反思：	签字：_____

4. 练习拓展

（1）图 6.3.6 所示为时间继电器自动切换 Y – △降压启动控制电路，试分析其工作过程。

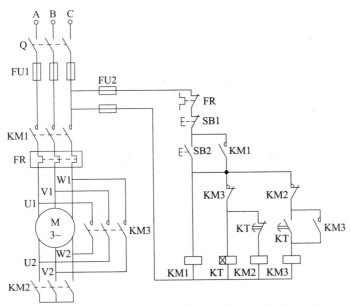

图 6.3.6　时间继电器自动切换 Y – △降压启动控制电路

（2）图 6.3.7 所示为定子绕组串联电阻降压启动控制电路，试分析其工作过程。

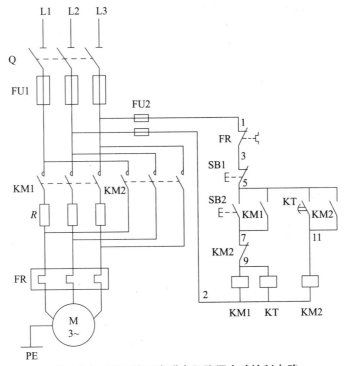

图 6.3.7　定子绕组串联电阻降压启动控制电路

任务6.4 三相异步电动机正反转控制线路设计

任务描述

三相异步电动机广泛应用在工农业生产、交通运输、航空航天、医疗器械、商业以及家用电器中，作为用电器或各种机械的动力源。通过对三相异步电动机进行合适的控制可以实现对用电器和机械的可靠稳定运行。三相异步电动机典型的控制环节有点动控制、单向自锁运行控制、正反转控制、行程控制和时间控制等。本任务通过对三相异步电动机典型控制环节和三相异步电动机正反转控制电路实现的介绍，使学生掌握典型控制环节实现的方法，进一步掌握电气线路的布局和布线工艺，巩固常用低压电器元件的使用、检测、安装以及对电气线路故障进行分析与处理的技能，同时通过专业的实践知识和基本操作技能训练，进一步培养学生独立分析问题、解决问题的能力。

任务目标

了解三相异步电动机的典型控制环节。

掌握自锁的概念及实现方法。

掌握互锁的概念及实现方法。

根据实际需要，正确选择、识别、检测和安装低压电器元件。

掌握电气控制线路安装、调试的基本方法。

正确进行三相异步电动机连续运行控制线路的设计、布线及排障。

正确进行三相异步电动机正反转控制线路的设计、布线及排障。

进一步提高对线路故障的分析和解决能力。

进一步培养创新意识和创新能力。

培养发现问题和解决问题的能力。

培养一丝不苟、精益求精的工作态度。

培养热爱劳动、不怕苦、不怕累的工作作风。

知识储备

三相异步电动机典型的控制环节有点动控制、单向自锁运行控制、正反转控制、行程控制和时间控制等。电动机在使用过程中会由于某些原因（如电源电压过低、电动机电流过大、电动机定子绕组相间短路等）出现异常情况，如不及时切除电源则可能给设备或人带来危险，因此必须采取一定的保护措施。电动机常用的保护环节有短路保护、过载保护、零压保护和欠压保护等。一台比较复杂的设备，它的控制电路包括几个典型控制环节，所以对典型控制环节及保护环节的学习，对阅读、设计和应用控制电路至关重要。

6.4.1 三相异步电动机的点动与连续控制

1. 点动控制

点动控制是用按钮、接触器来控制电动机运转的最简单的正转控制线路，是指当按下按钮时，电动机得电运转，松开按钮，电动机失电停转的一种控制。点动控制常用于吊车、机床立柱、横梁的位置移位、刀架、刀具的调整等。图 6.4.1 所示为三相笼型异步电动机点动控制电路原理图。继电－接触器控制电路都由主电路和控制电路组成，主电路是指直接给电动机绕组供电的电路，控制电路是指对主电路的动作实施控制的电路。

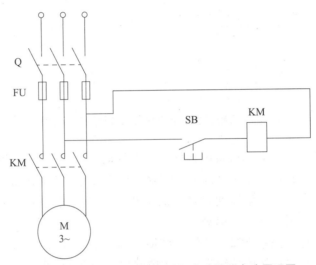

图 6.4.1 三相笼型异步电动机点动控制电路原理图

图 6.4.1 中，主电路由三相电源、刀开关 Q、熔断器 FU、交流接触器的主触点 KM、电动机组成，控制电路由电源、交流接触器线圈 KM、常开按钮 SB 组成。当电动机需要点动时，先闭合刀开关 Q，此时电动机由于交流接触器主触点为断开状态，故电动机不会运转。按下启动按钮 SB，接触器 KM 的线圈得电，同时接触器 KM 的三对主触点闭合，电动机 M 便接通电源启动运转。当电动机需要停车时，只要松开启动按钮 SB，使接触器 KM 的线圈失电，衔铁在复位弹簧的作用下复位，带动接触器的三对主触点复位分断，电动机 M 失电停转。

2. 连续控制

三相异步电动机单向连续控制电路原理图如图 6.4.2 所示，主电路由三相电源、刀开关 Q、熔断器 FU、交流接触器 KM 的主触点、热继电器 FR 的热元件、电动机组成，控制电路由热继电器的动断触点、交流接触器 KM 的线圈、启动按钮（常开按钮）SB1、交流接触器 KM 的常开辅助触点、停止按钮（常闭按钮）SB2 组成，其中交流接触器的辅助触点与启动按钮进行并联。

具体工作过程如下：

启动过程：闭合刀开关 Q，按下启动按钮 SB1，交流接触器 KM 线圈得电，主电路中的

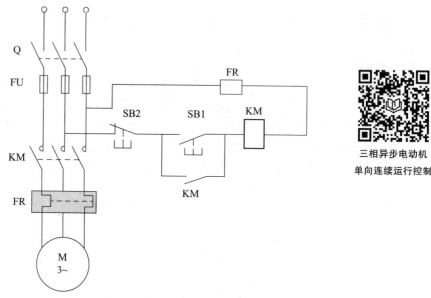

图 6.4.2 三相异步电动机单向连续控制电路原理图

主触点闭合，主电路接通，电动机带电运转；与此同时，与启动按钮 SB1 并联的常开触点也闭合，此后松开启动按钮，由于辅助触点闭合使得交流接触器的线圈可以持续保持得电，电动机连续运转。这种交流接触器通过自身的常开辅助触点使线圈保持持续带电的现象叫作自锁，这个常开辅助触头称为自锁触头。

停止过程：按下停止按钮 SB2，接触器线圈失电，与启动按钮并联的常开辅助触点断开，保证松开停止按钮之后线圈持续失电，主电路中主触点持续断开，电动机停转。

此外，在单向连续运行控制线路中，还加入了短路、过载和失压保护。

短路保护：通过在主电路中串接熔断器 FU 实现，当电路发生短路故障时，熔体自动熔断，切断电路使电动机失电，从而起到保护作用。

过载保护：通过主电路串接热继电器 FR 实现，当电动机负载过大、电压缺相等使电路中电流过大，长时间的过电流会使热继电器的热元件发热，串接在控制电路中的动断触点断开，交流接触器的线圈失电，主触点断开，切断主电路使电动机停转，同时，交流接触器的常开辅助触点也断开，解除自锁。故障排除后重新启动时，需按下热继电器 FR 的复位按钮，使其动断触点闭合。

失压保护：通过交流接触器自身实现，当电压降至低于工作电压的 85% 时，因接触器吸引线圈的电磁吸力不足，衔铁自动释放，使主触点和辅助触点自动复位，切断电源，电动机停转。

6.4.2 三相异步电动机的正反转控制

在生产过程中，很多生产机械的运行部件都需要正、反两个方向运动，如水闸的启闭、机床工作台的前进和后退、伸缩门的开关等。由三相异步电动机的工作原理可知，若要实现电动机的反转，只需改变引入三相电动机的电源相序即可。

运用两个交流接触器即可实现改变电动机的电源相序，如图 6.4.3 所示（图中只画出了主电路），若正转接触器 KM1 主触点接通，电动机正转；当反转接触器 KM2 主触点接通，电动机反转；若两个接触器的主触点同时接通，则电源被主触点短接，所以在设计控制电路时必须要保证正转和反转的主触点不能同时接通，因此，需要对两个接触器进行"互锁"设计，即当一个接触器接通时，锁住另外一个接触器；这点可以通过在正转接触器 KM1 线圈电路中串联反转接触器 KM2 的常闭辅助触点，在反转接触器 KM2 线圈电路中串联正转接触器 KM1 的常闭辅助触点实现，如图 6.4.4 所示，这两个常闭的辅助触点称为"互锁触点"。

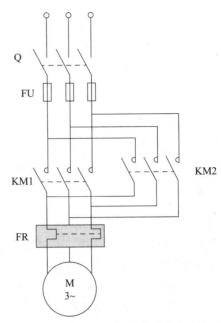

图 6.4.3　用两个交流接触器实现电动机的正反转

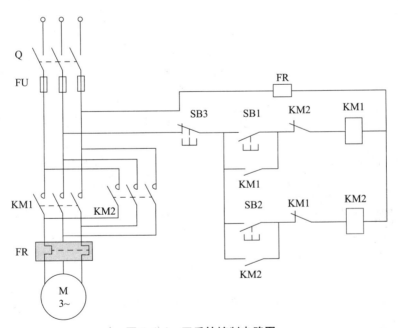

图 6.4.4　正反转控制电路图

正转过程：闭合主电路刀开关 Q，接通主电路，各触点动作如图 6.4.5 所示。

停车：按下停止按钮 SB3，KM1 线圈失电，KM1 主触点断开，电动机停转；常开辅助触点断开，解除自锁；常闭辅助触点闭合，解除互锁；松开停止按钮 SB3，使其复位。

按下SB1 → KM1线圈得电
- → KM1主触点闭合，电动机正转
- → KM1常开辅助触点闭合，实现自锁
- → KM1常闭辅助触点断开，反转控制电路切断，实现互锁

图6.4.5　正转过程各触点动作情况

反转过程：各触点动作情况如图6.4.6所示。

按下SB2 → KM2线圈得电
- → KM2主触点闭合，电动机反转
- → KM2常开辅助触点闭合，实现自锁
- → KM2常闭辅助触点断开，正转控制电路切断，实现互锁

图6.4.6　反转过程各触点动作情况

图6.4.4所示控制电路的缺陷在于电动机需要反转工作时，必须先按下停止按钮，使正转控制电路中KM1线圈失电，切断正转电路；然后再按下反转启动按钮SB2，使反转控制电路中KM2线圈得电，电动机才能反转。为此可采用复合按钮和接触器复合联锁的正反转控制电路，如图6.4.7所示，SB1和SB2是两个复合按钮，它们各有一对常开触点和常闭触点，该电路具有按钮和接触器双联锁的作用。

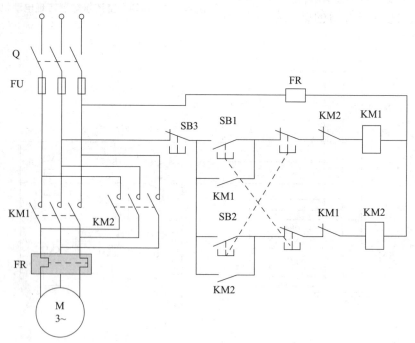

图6.4.7　双重互锁正反转控制电路图

按钮联锁是通过复合按钮实现的，图6.4.7中，虚线表示同一个按钮互联动的触点。其中正转启动按钮SB1的常开触点控制正转接触器KM1线圈持续得电，常闭触点串接在反转控制电路中，当按下正转启动按钮SB1，正转控制电路接通的同时切断反转控制回路，保证反转控制回路中的接触器KM2线圈不会得电，实现了机械联锁。具体工作过程如图6.4.8和图6.4.9所示。

图 6.4.8　双重互锁作用下电动机正转工作过程

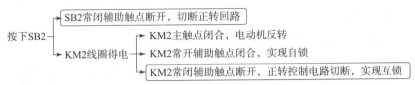

图 6.4.9　双重互锁作用下电动机反转工作过程

　　从以上分析可知，当电动机需要反转工作时，只需按下反转启动按钮 SB2，此时串接在正转控制回路中的常闭触点 SB2 断开，切断了正转回路，电动机停转，接着接触器 KM2 线圈得电，反转控制回路接通，电动机反转，同时通过按钮和接触器的双联锁，保证了正转接触器和反转接触器的主触点不同时接通。

6.4.3　三相异步电动机正反转控制电路的安装和调试

1. 元件的筛选和连接

　　元件是控制电路的重要组成部分，元件的正确选用是电路功能实现的重要前提。在进行元件筛选时，需要结合电动机实际整体运行要求，对接触器、热继电器、熔断器等元件性能进行逐一分析与选择。完成选择后，还需对所选元件进行检查与安装。

　　实施元件检查过程中，需要确定元件质量、参数是否和设计要求相符，如所选用的交流接触器线圈额定电压是否和电源电压相匹配、触点是否能正常工作等。进行安装时，需要考虑元件安放的具体位置、安装高度、与其他元件的间隔、安装牢固性、走线情况等，保证最终元件的安装质量。

2. 主电路和控制电路的连接

　　线路的整体连接要按照横平竖直、中间没有接头、走线避免交叉的原则进行。此外，在进行具体连接时，要保证露铜尽可能短、螺钉不压绝缘层、不反圈，如图 6.4.10 所示。三相异步电动机的正反转控制电路包括主电路和控制电路两部分。主电路部分连接时，需要按照一定顺序有步骤地连接，一般来说，保证左边线直通，中间线和右边线互换，这样接线比较顺畅、导线交叠较少。重点加大对交流接触器主触点连接的重视程度，保证电动机正反向转

图 6.4.10　不反圈且露铜较少

换质量；控制电路部分，热继电器触头和停止按钮接在控制干路上，同时做好自锁和互锁操作（自锁：将交流接触器的常开辅助触点并联至启动按钮两端；互锁：将正转控制交流接触器的常闭辅助触点串联至反转控制回路，将反转控制交流接触器的常闭辅助触点串联至正转控制回路）。

3. 线路检查

线路完成连接后，不可直接启动电动机，需再次展开线路连接检查，明确接线是否存在问题。进行线路检查时，先不接入电源，运用万用表对供电两端展开连接并检查，检查的基本思想是：模拟电路的工作状态，该通时通，该断时断。

1）停止按钮检查

将万用表开关打到欧姆挡的某一量程，万用表两表笔分别接触停止按钮的两端，这时显示为零或者接近零的电阻值；再按下停止按钮，万用表显示电阻值为无穷大。

2）启动按钮及按钮互锁检查

将万用表开关打到欧姆挡的某一量程（可依据交流接触器线圈电阻的大小进行选择），万用表两表笔分别接触正转交流接触器线圈的进线端和正转启动按钮的出线端，按下正转启动按钮，万用表显示为某一确定的电阻值（正转交流接触器的线圈电阻），再按下反转启动按钮，万用表显示电阻值为无穷大，松开反转启动按钮，万用表再次显示为刚才的电阻值；同样的，将万用表两表笔分别接触反转交流接触器线圈的进线端和反转启动按钮的出线端，按下反转启动按钮，万用表显示为某一确定的电阻值（反转交流接触器的线圈电阻），再按下正转启动按钮，万用表显示电阻值为无穷大，松开正转启动按钮，万用表再次显示为刚才的电阻值。

3）交流接触器互锁检查

将万用表开关打到欧姆挡的某一量程，万用表两表笔分别接触正转交流接触器线圈的进线端和反转交流接触器常闭辅助触点的出线端（参考图 6.4.7 电路），按下正转控制交流接触器的衔铁，万用表显示为某一确定的电阻值（正转交流接触器的线圈电阻），按下反转控制交流接触器的衔铁，万用表显示电阻值为无穷大；同样的，将万用表两表笔分别接触反转交流接触器线圈的进线端和正转交流接触器常闭辅助触点的出线端（参考图 6.4.7 电路），按下反转控制交流接触器的衔铁，万用表显示为某一确定的电阻值（反转交流接触器的线圈电阻），按下正转控制交流接触器的衔铁，万用表显示电阻值为无穷大。

4）交流接触器自锁检查

将万用表两表笔分别接触正转启动按钮的两端，按下正转启动按钮，万用表显示为零，此时用螺丝刀按下正转控制交流接触器的衔铁，万用表读数不变，松开正转启动按钮，万用表读数仍不变；同样的，再将万用表两表笔分别接触反转启动按钮的两端，按下反转启动按钮，万用表显示为零，用螺丝刀按下反转控制交流接触器的衔铁，万用表仍然显示以上数值，松开反转启动按钮，万用表读数不变。

4. 通电试车

在进行通电试车时，需要保证按钮标注功能和控制生产机械运行的一致性，应做好按钮标注、机械动作对应调整。在进行调试时，需要展开试车通电，确定按钮标注是否与实际动作相符，若存在不符问题，需要对电动机电源相序进行调整，直至达到预期调整目标为止。

6.4.4　电气控制线路与常见低压控制电器的故障检查与排除

电气控制线路的故障一般分为自然故障和人为故障两大类。自然故障是由于电气设备在运行时过载、振动、散热条件恶化等原因造成电气绝缘下降、触头熔焊、电路接点接触不良等情况而形成的。人为故障是由于在安装控制电路时，布线接线错误或者修理操作不当等原因造成的。一旦电路发生故障，轻者会使电气设备不能工作，重者会造成人身伤害、设备损害。因此，电气操作人员应及时查明故障原因并准确排除。故障诊断可以在不通电的情况下采用万用表电阻法进行，也可以在通电的情况下采用万用表电压法进行。

1）电阻法

使用万用表的欧姆挡通过测量电阻来检查电路：先检查主电路，在切断总电源的情况下合上低压断路器，电路正常时，三根相线应该和异步电动机的三根引线分别相通，如果某一相不通，可以判断这一相有故障，进一步测出断点，排除故障；接着检查控制电路，分别按住正转或反转启动按钮，控制电路中的一根相线应该和接触器线圈的一根引线接通，另一根相线则和接触器线圈的另一根引线接通，如果出现不通的情况，测量控制电路中各点的电阻值，就可以找到断点，确定故障。采用电阻法测量电路故障时，应注意选择好万用表的量程，否则可能导致测量结果不准确。例如：测量触头电阻时，量程不能选的太大，从而掩盖触头接触不良的故障。

2）电压法

用万用表的电压挡通过测量电压来检查电路：先检查控制电路，合上总电源开关，分别按住正转或反转启动按钮，如果接触器能正常吸合，则控制电路正常；如果不能够吸合，则测量接触器线圈两端是否有 380 V 电压，若有电压，是接触器故障；若没有电压，沿控制电路测量电压，找到断点排除故障。控制电路正常以后，电动机应该能够转动，如果不能正常转动，分别测量电动机三根引线间的电压，正常情况是 380 V，如果不是 380 V，进一步沿电路测量各点电压，找到故障点，排除故障。

3）短接法

继电 – 接触器控制电路的故障多为断路故障，如导线断路、虚接、触头接触不良、熔断器熔断等，对这类故障，用短接法查找往往比用电压法和电阻法更为快捷。检查时，只需用一根绝缘良好的导线将所怀疑的断路部位短接。当短接到某处时，电路接通，说明故障就在该处。需要注意的是短接法是带电操作。

◎ 技能训练

1. 任务要求与步骤

（1）进一步掌握电动机单向运行控制电路的动作原理，掌握单向运行控制电路的设计及装接方法。

（2）深刻理解电动机控制线路电气自锁的意义。

（3）进一步掌握正确选用、检测、使用空气断路器、交流接触器、热继电器、按钮等元器件的方法。

（4）绘制三相异步电动机单向运行控制电路的电气原理图（图6.4.2）和布置图。

（5）进一步学习电动机控制线路的设计、装接、检查和排障方法。

1）线路检查

主电路的检查：对主电路进行检查（将数字万用表置于200Ω挡，如无说明，则主电路检查时均置于该挡位），将表笔分别放在Q下端u-v、u-w、v-w，按下KM，此时万用表的读数为电动机（电动机星形连接）两绕组的串联电阻值，测3次（u-v、u-w、v-w）的电阻值应相等。

控制电路的检查（设交流接触器的线圈电阻为1.7kΩ，将数字表置于2kΩ挡，如无说明，则控制电路检查时均置于该挡位）：表笔放在控制线路电源两端，此时万用表的读数应为无穷大。

按下SB1（启动按钮）或KM的测试按钮，读数应为KM线圈的电阻值，同时按下SB2，则读数变为∞。

2）通电试车

通过上述检查正确后，可在教师的监护下通电试车。合上Q，接通电源，按一下启动按钮SB1，电动机正转，按一下停止按钮SB2，电动机停转，运行完毕断开Q。

2. 主要设备器件

（1）实训工作台（含三相电源、常用仪表等）。

（2）三相异步电动机。

（3）导线若干、接线端子排、绝缘胶带等。

（4）兆欧表。

（5）交流接触器、热继电器、空气开关、时间继电器、按钮等低压电器。

（6）数字万用表。

（7）各种电工工具。

3. 任务考核

根据任务要求与步骤，对任务完成情况进行考核，考核及评分标准如表6.4.1所示。

表6.4.1　任务考核评分表

评价类型	占比情况	序号	评价指标	分值	得分		
					自评	互评	教师评价
知识点和技能点	70	1	正确分析三相异步电动机单相连续运行控制电路原理	5			
		2	根据电路设计要求，熟练对各种电气元件进行选型、检测	10			
		3	正确绘制三相异步电动机单相连续运行控制电路的原理图和布置图	10			
		4	正确运用电工工具完成实际电路的装接、检测、排障	40			
		5	按照正确的步骤通电、运行	5			

续表

评价类型	占比情况	序号	评价指标	分值	得分		
					自评	互评	教师评价
职业素养	20	1	按时出勤，遵守纪律	2			
		2	专业术语用词准确、表述清楚	3			
		3	操作规范	3			
		4	布线整洁美观	6			
		5	工具整理、正确摆放	3			
		6	团结协作、互助友善	3			
劳动素养	10	1	按时完成	3			
		2	保持工位卫生、整洁、有序	4			
		3	小组任务明确、分工合理	3			

4. 总结反思

总结反思如表6.4.2所示。

表6.4.2 总结反思

总结反思	
目标达成度：知识 ◎◎◎◎ 能力 ◎◎◎◎ 素养 ◎◎◎◎	
学习收获：	教师寄语：
问题反思：	签字：_____

5. 练习拓展

（1）三相异步电动机的正反转控制线路中，自锁和互锁是如何实现的？自锁触头和互锁触头可以互换吗，为什么？

（2）三相异步电动机电气控制主电路中的熔断器有什么作用，实现什么功能？

（3）电动机启动时发出很大的呜呜声，不能正常启动，是什么原因？

（4）有两台三相异步电动机 M1、M2，现要求 M1 启动后，M2 才能启动；M2 停止后，M1 才能停止，试画出其控制电路图，并有短路、过载、欠压、失压保护。（只画控制电路即可）。

（5）在三相异步电动机单向运行线路设计装接基础上，设计三相异步电动机正反转控制线路（参考图6.4.7），并进行实际线路的装接、排障和运行。

参 考 文 献

［1］赵会军.电工技术［M］.北京：高等教育出版社，2010.

［2］林平勇，高嵩.电工电子技术（少学时）［M］.5 版.北京：高等教育出版社，2019.

［3］赵亚丽.电工电子技术实训教程［M］.2 版.北京：机械工业出版社，2021.

［4］廖先芸.电子技术实践与训练［M］.3 版.北京：高等教育出版社，2011.

［5］王纳林.维修电工技能训练［M］.北京：机械工业出版社，2019.

［6］高嵩.电子技术［M］.2 版.北京：高等教育出版社，2010.

［7］肖前军，黄进.电工技术及技能训练［M］.北京：北京邮电大学出版社，2020.

［8］王小宁.电工实训教程［M］.北京：机械工业出版社，2013.

［9］陈美玲.电工技术实训教程［M］.西安：西安电子科技大学出版社，2018.

［10］王和平.电工与电子技术实验［M］.4 版.北京：机械工业出版社，2016.

［11］钱欣.电工电子技术实验与训练［M］.北京：中国电力出版社，2021.